Bundesversuchsinstitut für Kulturtechnik und technische Bodenkunde
Petzenkirchen, Nieder-Österreich Leiter: Min.-Rat Dr. Ing. B. Ramsauer
5. Mitteilung

Die Vegetationsverhältnisse der Donauniederung des Machlandes

Eine Vegetationskartierung im Dienste der Landwirtschaft und Kulturtechnik

Von

Dr. Heinrich Wagner

Honorardozent für Pflanzensoziologie und Assistent am Botanischen Institut der Hochschule für Bodenkultur in Wien

Springer-Verlag Wien GmbH

1950

ISBN 978-3-662-23924-7 ISBN 978-3-662-26036-4 (eBook)
DOI 10.1007/978-3-662-26036-4

Geleitwort

Die moderne Kulturtechnik hat sich auf dem Teilgebiete des „Landwirtschaftlichen Wasserbaues" weit mehr als früher und bewußt auf die Grundlagen: Boden und Bodenwasserhaushalt und auf das Ziel der Arbeit eingestellt, optimale Verhältnisse für die Vegetation zu schaffen. Die genaue Erfassung der Bodenverhältnisse und deren kartographische Darstellung würde jedoch nicht genügen, um die vorherrschenden Umweltbedingungen richtig zu klären.

Die hier klaffende Lücke soll durch die Erfassung der vorhandenen Vegetation geschlossen werden. Gewiß hat die Kulturtechnik immer auch um die Bedeutung von Leitpflanzen für ihre Arbeiten gewußt, aber auch um die Grenzen der Aussage. Aus diesem Grunde war das Bundesversuchsinstitut für Kulturtechnik und Technische Bodenkunde in Petzenkirchen bemüht, an Stelle der Leitpflanzen die *Pflanzengesellschaften* der Meliorationsgebiete bzw. ihre pflanzensoziologischen Verhältnisse als wichtige Grundlage für die Projektierung zu propagieren. Voraussetzung hiebei ist auch hier die kartenmäßige Darstellung der Vegetationsverhältnisse, also die *Vegetationskartierung*. Das Institut hat sich daher seit 1945 bemüht, Pflanzensoziologen zur Mitarbeit zu gewinnen und hat in Herrn Dr. Heinrich Wagner einen bahnbrechenden Mitarbeiter gefunden, dem sich bereits weitere ausgezeichnete Kräfte zugesellten. Nunmehr werden in Österreich für alle größeren Meliorationsprojekte neben den Bodenkarten auch Vegetationskarten als Projektierungsunterlagen verwendet.

Die erste Frucht dieser Bemühungen ist die vorliegende Arbeit: „Die Vegetationsverhältnisse der Donauniederung des Machlandes" von Dr. Heinrich Wagner, die allerdings im Zuge der Festlegung von Beweissicherungsmaßnahmen für die Landwirtschaft im Rahmen der Erstellung des Kraftwerkes Ybbs-Persenbeug verfaßt wurde. Sie bildet nicht nur eine Grundlage für die erforderlichen Meliorationsprojekte, sondern gleichzeitig auch den Nachweis der vor der Anlage des Kraftwerkes und vor Auswirkung des eintretenden Rückstaues bestehenden Vegetationsverhältnisse, womit schon die vielseitige Bedeutung der Vegetationskartierung dargetan ist.

Für die Kulturtechnik liegt ihre Bedeutung darin, daß

1. infolge der äußerst feinen Reaktion der Pflanzengesellschaften auf die Feuchtigkeitsverhältnisse der jährlich *wirksame mittlere* Grundwasserstand erfaßt wird, der sonst nur durch jahrelange Grundwasserbeobachtungen zu ermitteln ist;
2. Anhaltspunkte über den Gang der Bodenfeuchte im Laufe des Jahres, über die Wechselfeuchtigkeit und insbesondere über die Dürreverhältnisse gewonnen werden können;
3. klargestellt wird, ob es sich um stagnierendes oder fließendes Grundwasser handelt; ob
4. Quellvernässungen vorliegen und wie weit ihre Wirkung reicht; daß schließlich
5. Grundlagen für die Folgemaßnahmen erarbeitet werden können.

Es liegt auf der Hand, daß damit wichtige Gesichtspunkte für eine Projektierung gewonnen werden, die die Erzielung eines möglichst optimalen Bodenwasserhaushaltes sichert.

Est ist klar, daß die Vegetationskartierung im Maßstabe 1 : 2880 — 1 : 5000 — ein anderer wäre für unsere Zwecke unzureichend — eine Reihe von Problemen aufgeworfen hat, die aber bestimmt einer befriedigenden Lösung zugeführt werden.

Petzenkirchen, im Dezember 1949.

Min.-Rat Ramsauer.

Vorwort

Der Donaulauf zwischen Passau und Wien ist durch einen wiederholten Wechsel enger Durchbruchsstrecken und dazwischengeschalteter Weitungen ausgezeichnet und schafft auf diese Weise günstige Voraussetzungen für die Gewinnung elektrischer Energie neben der großen Bedeutung der Donau als Wasserstraße. Am weitesten vorgeschritten sind gegenwärtig die Arbeiten an einem Projekt eines Kraftwerkes bei Ybbs-Persenbeug, dessen Staubereich sich über die gesamte Länge des Donaudurchbruches durch den Strudengau erstrecken soll. Um die natürlichen Bedingungen in der oberhalb anschließenden Niederung des Machlandes zu erforschen, die Auswirkungen des Rückstaues auf diese Landschaftseinheit zu untersuchen und eventuelle Schädigungen rechtzeitig abwenden zu können, wurde im Sommer 1947 im Auftrage des Bundesversuchsinstitutes für Kulturtechnik u. techn. Bodenkunde in Petzenkirchen, N.-Ö., neben Bodenuntersuchungen (Dr. F. Blümel) durch den Verfasser eine Aufnahme der Vegetationsverhältnisse im Maßstab 1 : 5000 durchgeführt. Diese Karte soll neben dem unmittelbaren Zweck eines Festhaltens des gegenwärtigen Zustandes und einer Beratung bei der Ausgestaltung des Meliorationsprojektes auch allen übrigen Belangen einer praktisch-landwirtschaftlichen Auswertung dienen. Im September 1948 wurde die Kartierung in Zusammenhang mit der Bodenschätzung des Bundesministeriums für Finanzen zu Vergleichszwecken auf die „Ackerterrasse" am Nordufer bis zur Straße Mitterkirchen—Baumgartenberg—Dornach ausgedehnt, obwohl diese durch den Rückstau bestimmt nicht unmittelbar berührt wird.

Wiewohl also die Arbeit auf einen rein praktischen Zweck ausgerichtet ist, müssen wir sie trotzdem streng auf wissenschaftlicher Grundlage aufbauen; denn erst die eingehende wissenschaftliche Auswertung schafft die Voraussetzung für die praktische Anwendung[1]. Dem entsprechend beruht die Kartierung auf einer Untersuchung der gesamten Artenzusammensetzung jedes einzelnen Vegetationsfleckes und einer auf dieser fußenden Klassifizierung in verschiedene Vegetationseinheiten. Als Grundlage dienen dabei fast 200 Vegetationsaufnahmen aus dem gesamten Gebiet, die zu Tabellen zusammengestellt wurden. In Anbetracht des beschränkten Umfanges des Kartierungsgebietes und der angestrebten Feinheit der Darstellung erfolgte dabei die systematische Auswertung und Fassung der Einheiten rein vom lokalen Standpunkt, wie überhaupt die Arbeit streng von der Beobachtung an Ortund Stelle ausgeht und über den engeren Raum hinausgehende Erwägungen erst sekundär herangezogen werden. Dadurch ergeben sich trotz des Aufbauens auf der pflanzensoziologischen Schule Braun-Blanquets einige methodische Abweichungen: Vor allem faßte ich die einzelnen lokal unterschiedenen Vegetationseinheiten als gleichwertige Glieder ökologischer Reihen unabhängig von ihrer regional-systematischen Wertigkeit. Dies ergibt wieder freiere Gruppierungsmöglichkeiten verschiedener Artengruppen, die ökologische, genetische und räumliche Beziehungen verwandter Gesellschaften wiedergeben, was sich in zahlreichen prinzipiellen Fragen der Vegetationssystematik auswirkt. In gleicher Weise wurde auch bei der Kartierung nach dem bereits andernorts (Wagner 1949) mitgeteilten Prinzip möglichst jede Vegetationseinheit — unabhängig von ihrem systematischen Rang — mit einer eigenen Farbe bezeichnet, und zwar die Grünlandgesellschaften von blau (naß) über rot nach gelb (trocken), die Wälder grün und die Äcker hellbraun[2]. Darüber hinaus wurden auch bei der statistischen Auswertung der Vegetationsaufnahmen durch konsequente Anwendung des Deckungswertes (Braun-Blanquet 1946) zur ökologischen Charakteristik und Ertragswertbestimmung in gewisser Hinsicht neue Wege beschritten.

Die Donauniederung des Machlandes wurde bereits während des Krieges von Dr. Buchwald und

---

[1] Die Arbeit wurde im November 1949 als Habilitationsschrift an der Hochschule für Bodenkultur in Wien eingereicht.

[2] Infolge der hohen Vervielfältigungskosten einer mehrfarbigen Karte mußten die zahlreichen Farben der Originalkarte in Signaturen umgesetzt werden, wobei die Abstufung naß — trocken durch verschiedene Schattierungen von dunkel nach hell wiedergegeben wurde. Für die mühevolle Ausarbeitung dieser Signaturenkarte schulde ich Herrn R. Hynais (Wien) besonderen Dank. Diese Karte liegt als Zweifarbendruck (Gerippe schwarz, Vegetationssignaturen blau) im Original-Maßstab 1 : 5000 (fünf Blätter von insgesamt 3 m² Größe) in geringer Anzahl im Bundesversuchsinstitut für Kulturtechnik, sowie im Botanischen Institut der Hochschule für Bodenkultur auf. Zur Orientierung wurde dieser Arbeit eine Verkleinerung (nur Vegetationssignaturen) auf etwas weniger als 1 : 25.000 beigegeben (Abb. 7, S. 30/31). Die Signaturen mit engem Linienabstand (Sign. 3 bis 5, 15, 21) sind dabei infolge der starken Verkleinerung nicht überall deutlich zu unterscheiden. In der Legende sind alle Signaturen gegenüber dem Kartenbild etwa doppelt vergrößert dargestellt.

Dr. Zeidler im Auftrage der Zentralstelle für Vegetationskartierung des Reiches, Hannover, im Maßstab 1 : 25.000 aufgenommen. Diese Karte ist nicht zugänglich, nur ein kurzes Gutachten liegt vor, aus welchem deutlich hervorgeht, daß die beiden Autoren infolge ihrer streng auf übergeordneter regionaler Basis fußenden Einheiten nicht immer den örtlichen Feinheiten voll gerecht werden konnten. Zum größten Teil dürfte allerdings der grobe Maßstab, sowie die ungünstige kurze Aufnahmszeit (September—Oktober) daran Schuld tragen. Die vorliegende Arbeit bringt — vor allem durch die geänderte Fragestellung und Methodik — weit über dieses Gutachten hinausgehende Ergebnisse.

Es ist mir ein Bedürfnis, Herrn Min.-Rat Priv.-Doz. Dr.-Ing. B. Ramsauer vom Bundesministerium für Land- und Forstwirtschaft für sein immerwährendes Interesse, stete Förderung und mannigfache Unterstützung herzlichsten Dank zu sagen, desgleichen den Herren des Bundesversuchsinstitutes für Kulturtechnik und technische Bodenkunde in Petzenkirchen, besonders Herrn Oberbaurat Dr.-Ing. E. Güntschl. Bei den Feldaufnahmen im Sommer 1947 wirkte Frau Dr. H. Lauber, Wien, mit, welcher ich auch für ihre tatkräftige Mithilfe bei der technischen Ausarbeitung der Karte und der Vegetationstabellen zu größtem Dank verpflichtet bin. Frau Dr. M. Lengauer-Rametsteiner, Grein, verdanke ich äußerst wertvolle Angaben über Geologie und Geomorphologie des Gebietes.

Wien, im November 1949.

Dr. Heinrich Wagner.

Inhaltsverzeichnis

Erläuterung der Abkürzungen in Tabellen und Abbildungen

a) Gesellschaften.

GS = Großseggenstreu
GK = Gnadenkrautwiese
KH = Kriech-Hahnenfußgesellschaft
m = mit, o = ohne } Großseggen
F s = Filzseggenwiese
S r = Sumpfrispengrasvariante
t = typische (Filzseggenwiese)
Ü = Übergang Filzseggenwiese-Knaulgraswiese (Auniederung); Übergang Knaulgraswiese-Salbeiwiese (Ackerterrasse)
K = Knaulgraswiese
S = Salbeiwiese
t = typische, ex = extrem trockene } Salbeiwiese (Ackerterrasse)
T = Trespenwiese

b) Lebensformen.

H. c. = Horstpflanzen
H. cr. = Rasenpflanzen
H. r. = Rosettenpflanzen
H. s. = Schaftpflanzen
H. rp. = Kriechstauden
G. rh. = Rhizompflanzen
G. b. = Zwiebel- und Knollenpflanzen
T. = Einjährige
Ch. = Zwergsträucher

c) Ertragswert.

OG 1 = Hochwertige Obergräser
UG 1 = Hochwertige Untergräser
G 2 = Mittelwertige Gräser
G 3 = Minderwertige Gräser
L = Leguminosen
S = Sauergräser
Mv = Mähverlust
Gift = Giftpflanzen

Die Vegetationsverhältnisse der Donauniederung des Machlandes

I. Umweltverhältnisse und Landschaftsgliederung des Gebietes

Bevor die Donau in das enge Durchbruchstal des Strudengaues eintritt, durchfließt sie breit verwildert in einem Auengürtel die Niederung des Machlandes zwischen Mauthausen und Ardagger. Diese wird im Norden durch die Granitberge der böhmischen Masse, deren niederstes Niveau sich ungefähr um 120 m über die Ebene erhebt, und im Süden durch das ebenfalls 100 bis 150 m höher gelegene Schlier-Hügelland des Alpenvorlandes begrenzt. Einerseits die mächtigen Schotterablagerungen (sie wurden durch eine Bohrung bei Gassolding unmittelbar am Abfall der böhmischen Masse bei fast 20 m Tiefe noch nicht durchstoßen) und anderseits der aus Granit bestehende Sockel des Berges von Wallsee lassen auf einen Einbruch als Ursache der Anlage dieser Niederung schließen. Wird die Donau weiter oberhalb zwischen Steyregg und Mauthausen durch die beiden rechtsseitigen Nebenflüsse Traun und Enns an die Granitberge im Norden gepreßt, so drückt sie im Machland unter dem Einfluß der von Norden kommenden Nebenflüsse Aist und Naarn und dem Bärschen Gesetz folgend nach Süden, wobei der Granitsockel von Wallsee ein mächtiges Hindernis bedeutet. Durch die hier hervorgerufene Richtungsänderung wird die Donau östlich Wallsee sekundär wieder etwas gegen Norden zurückgedrängt und läßt daher bis Ardagger auch am rechten Ufer eine Auenniederung frei, die eine deutlich ausgeprägte Randsenke am Fuße des Steilabfalles des Tertiärhügellandes aufweist. In dieser sammeln sich die aus dem Hügelland kommenden Bäche und werden schließlich durch den in der Niederung entspringenden Altaubach zur Donau geführt. Am Nordufer wird die Naarn von Mitterkirchen an bis Dornach am Ostrande der Niederung mitgeschleppt und folgt dem Steilabfall der etwa um 4 m höheren Niederterrasse, ebenfalls eine deutliche Randsenke bildend.

Die beidufrige Auenniederung ist im übrigen parallel gegliedert: Am Nordufer durchquert ab Eizendorf die Naarn die Niederung (der Randsenke folgt ein alter Arm) und schafft vor allem in der „Entenlacke" eine sehr nasse Mittelzone. Am Südufer erfolgt eine entsprechende Teilung der Niederung durch den „Grener-Arm", einen Altarm der Donau, der bei Ardagger gemeinsam mit dem Altaubach mündet. Eine der Entenlacke entsprechende breite nasse Zone ist hier allerdings nicht so deutlich ausgebildet, wie überhaupt das Südufer etwas trockener ist.

Neben dieser Großgliederung zeigt die Auenniederung ein äußerst unruhiges Relief: Altarme und nur zeitweise mit Wasser erfüllte Gräben wechseln auf kleinstem Raum mit höheren Erhebungen aus Schwemmsand — den sogenannten Haufen — ab. Die junge Landschaft steht unter der ständigen ausgestaltenden Wirkung der Donau und ihrer Hochwässer. Bei plötzlichem Ansteigen der Donau können die größeren Wassermassen nicht genügend rasch das Engtal des Strudengaues passieren und breiten sich durch Rückstau von den tieferen Gräben aus rückschreitend in der Niederung aus. Da also keine Überflutung von oben her erfolgt, wirken die Überschwemmungen durch Absetzen von feinem Schlick in den Gräben und auf den Flächen mittlerer Höhe sogar bis zu einem gewissen Grade günstig, da der Boden nährstoffreicher und bindiger wird. Auf den höchsten, nur ausnahmsweise überschwemmten Erhebungen dagegen bleibt der Sandboden meist noch völlig roh, locker und unentwickelt. In diesen Verhältnissen liegt der Schlüssel zum Verständnis der inneren Zusammenhänge der Landschaft, wie überhaupt der Wasserhaushalt und insbesondere die Lage jedes Fleckes zu Grund- und Hochwasser den entscheidenden Faktor innerhalb der Umwelt des Raumes darstellt.

Südlich des Grenerarmes liegt das Gelände etwas höher — hier sind auch zahlreiche Äcker anzutreffen. Am Nordufer dagegen sind nur im westlichsten Teil (Kaindlau) nennenswert Äcker angelegt, im übrigen nasseren Teil dominiert zwischen den Wiesen weitgehend der Wald, der wieder am Südufer bis auf wenige kleinere Reste nur im Wallseer Herrschaftswald größere Ausdehnung erlangt.

Als eigenes Landschaftselement tritt am Südufer am Hangfuß südlich Bruch und Leitzing in der Randsenke eine Zone von Druckwasseraufbrüchen mit schwererem Boden auf, welche nicht mehr unter direktem Donaueinfluß steht und auch in ihren Pflanzengesellschaften starke Abweichungen gegen die übrige Vegetation aufweist.

Während am Südufer zwischen Wallsee und Ardagger die unmittelbare Donauniederung ohne wesentliche Niveauunterschiede bis an den Steilabfall des Tertiärhügellandes reicht, ist im Norden vor den Abfall der böhmischen Masse noch die breitere Niederterrasse des eigentlichen Machlandes dazwischengeschaltet. Über dem ebenfalls aus Donauschottern bestehenden Untergrund ist dort ein mächtiger schwerer Mutterboden ausgebildet, der die schon durch die schwache Oberflächengliederung geringen Vegetationsunterschiede (Wasserhaushaltsstufen) noch weiter abschwächt. Infolge der größeren Erhebung über den Donauspiegel und der dadurch ausgeschalteten Überschwemmungsgefahr ist fast die ganze Fläche von Äckern bedeckt. Wiesen sind außer in den Obstgärten um die Siedlungen nur auf mehr oder minder schmale Streifen an Naarn und Klamerbach, die zugleich die einzige nennenswerte Landschaftsgliederung bewirken, sowie auf eine schwach angedeutete Randsenke am Bergfuß zwischen Baumgartenberg und Saxen beschränkt. Im nördlichen Teil der Ackerterrasse — ungefähr einer Linie: Lehen—Froschau—Spanninger—Au—Wetzelsdorf folgend — tritt ein weiteres Landschaftselement auf: Die kalkreichen Donauablagerungen werden durch Material aus dem kalkfreien sauren Granit-Gneis-Gebiet der böhmischen Masse überlagert, was sich in allen Pflanzengesellschaften durch einen deutlichen Umschlag in der Artenliste (azidiphile statt basiphilen Arten) zu erkennen gibt. Im übrigen jedoch, insbesondere in der Gliederung in verschiedene Feuchtigkeitsstufen, bestehen außerordentlich enge Parallelen zwischen den entsprechenden Wiesengesellschaften.

Zur Charakterisierung des Klimas fehlen aus dem unmittelbaren Untersuchungsgebiet entsprechende Daten[1]. Die nächsten meteorologischen Beobachtungsstationen liegen durchwegs in anderen Landschaftseinheiten, so daß eine Interpolierung nicht ohne weiteres möglich erscheint: Grein liegt bereits im Donaudurchbruch des Strudengaues, Amstetten sowie die beiden Regenmeßstellen Oed und Haag sind im Tertiärhügelland und Alpenvorland um 50 bis 150 m höher gelegen und schließlich Mauthausen (Niederschlagsbeobachtung) liegt am Westrand der Niederung im Regenschatten des Mühlviertler Berglandes. Dennoch sollen die langjährigen Mittelwerte dieser Stationen angeführt werden:

Baurat Dr. Güntschl). Sowohl die Temperatur- als auch die Niederschlagsverhältnisse sind also im allgemeinen als ausgesprochen günstig für den Pflanzenwuchs zu bezeichnen. Ferner ist besonders die hohe Luftfeuchtigkeit und bereits im Spätsommer beginnend eine starke Bildung von Frühnebeln bemerkenswert. Dennoch kommt es auf den rohen Sandböden der höchsten „Haufen" infolge des geringen Wasserhaltevermögens zur Bildung von Trokkenrasen. Wiewohl das Klima einen der wesentlichsten Faktoren der Umwelt darstellt, tritt es innerhalb des eng begrenzten lokalen Untersuchungsgebietes infolge der morphologischen Gleichförmigkeit nicht modifizierend in Erscheinung, so daß dort die Vegetationsabstufungen ausschließlich durch den Boden und vor allem durch die verschiedene Höhe über dem Grundwasser hervorgerufen sind.

Die größeren Siedlungen meiden wegen der Überschwemmungsgefahr die unmittelbare Donauniederung. Am Nordufer ist die Niederung selbst überhaupt unbesiedelt, die Dörfer liegen dort teils am Rand der Ackerterrasse gegen das Granitbergland (Baumgartenberg, Gassolding, Saxen, Hofkirchen, Wetzelsdorf), teils am Abfall der Ackerterrasse gegen die Auniederung (Mitterkirchen, Mettensdorf, Eizendorf, Saxendorf). Im Raum dazwischen liegen Einzel- und Streuhöfe. Auch am Südufer folgen die größeren Ortschaften (Wallsee, Schweinberg, Empfing, Stefanshart, Ardagger) dem Abfall des Tertiärhügellandes, daneben sind allerdings in der Niederung außerhalb des Grenerarmes mehrere Einzelhöfe und sogar kleine Weiler (Bruch, Leitzing) anzutreffen. Insbesondere für die „Aubauern", deren Besitz ganz oder größtenteils in der Auniederung liegt, ist Obstbau und Milchwirtschaft die Hauptwirtschaftsgrundlage, während der Ackerbau zurücktritt. Und darin liegt ja auch die

	Niederschlag mm		Temperatur °C			
	Jahr	Mai-Juli	Jänner	Juli	Jahr	Mai-Juli
Mauthausen ..... 244 m	806	303				
Grein .... 235 m	898	323	—1,9	18,5	8,6	16,3
Öd .... 390 m	900	325				
Amstetten ...... 275 m	931	322	—1,8	18.0	8,3	15,9
Haag .... 350 m	941	326				

Die Schneedecke dauert in Grein 41 Tage, in Amstetten 48 Tage. Grein hat im Mittel 92,2 Frosttage, der letzte Frost fällt auf den 20. 4. (spätester Spätfrost 12. 5), der erste Frost auf den 28. 10. (frühester Frühfrost 17. 10), die frostfreie Zeit beträgt somit 191 Tage.

Im Machland werden die Temperaturen etwas über denen von Grein liegen, die Niederschlagsmenge beträgt im Jahr 850 bis 900 mm (Mitteilung von

große Bedeutung der Erhaltung der durch das Kraftwerk gefährdeten Donauniederung für die Landwirtschaft dieses Gebietes.

Zusammenfassend können wir also drei Landschaftselemente im Untersuchungsgebiet feststellen:

1. Die Niederterrasse am Nordufer (Ackerterrasse) mit ihrer weitgehend ungegliederten Oberfläche und der deutlich merklichen Differenzierung in einen kalkarmen nördlichen und einen kalkreichen südlichen Teil. Vorwiegend Ackerland; wird durch den Rückstau direkt in keiner Weise berührt.

2. Die eigentliche Auniederung auf beiden Ufern mit reich durch Gräben und „Haufen" gegliedertem Relief, deutlich entwickelter Randsenke und im wesentlichen leichten Böden. Auwald und Wiesen herrschen weitaus vor. In ihr würde die Hauptbeeinflussung durch den Rückstau erfolgen.

[1] Das Bundesversuchsinstitut für Kulturtechnik und technische Bodenkunde Petzenkirchen hat seit Mitte 1947 in Froschau (Nordufer, Ackerterrasse) und Bruch (Südufer) zwei agrarmeteorologische Beobachtungsstellen eingerichtet, deren Beobachtungsergebnisse wegen des kurzen Zeitraumes noch nicht die Bildung von Mittelwerten gestatten.

3. Eine kleine Zone von Druckwasseraufbrüchen in der Randsenke am südlichen Hangfuß bei Bruch und Leitzing. Morphologisch zur Niederung gehörend, ist sie nur durch die andersartigen Vegetationsbedingungen (Druckwasser-Anmoore) unterschieden. Wirtschaftlich unbedeutend, Sauerwiesen. Beeinflussung höchstens indirekt (Stau der Vorflut).

II. Die Pflanzengesellschaften des Machlandes und ihre Darstellung

Wie bereits im vorigen Abschnitt ausgeführt wurde, wird die gesamte Vegetation der Donauniederung in erster Linie vom Wasserfaktor beherrscht. Die Gesellschaften gestatten somit ausgezeichnet ihre Einstufung in eine ökologische Reihe mit Feuchtigkeit als variabler Größe. Diese Anordnung ist daher vom lokalen Gesichtspunkt unbedingt einer von regionaler Systematik ausgehenden vorzuziehen. Der Verfolg der ökologischen Reihe vom offenen Wasser bis zu den trockensten Wiesen entspricht überdies der Legende zur Karte. Die Stellung der einzelnen Gesellschaften in den Einheiten des regionalen Systems soll jedoch jeweils vermerkt werden.

1. Die Wiesengesellschaften des Untersuchungsgebietes

A. Die Auenniederung

a) Wasser- und Verlandungsgesellschaften (*Potametalia* und *Phragmitetalia*). Obwohl die flutenden Wasserpflanzengesellschaften nicht kartiert wurden, sollen sie doch als Ausgangsgesellschaften der Verlandung kurz erwähnt werden. Sie bilden eine ausgezeichnete natürliche Vegetationseinheit, das *Potamion eurosibiricum* (Ordnung *Potametalia*).

Im fließenden Wasser der Naarn bei Eizendorf wurden folgende Arten beobachtet, die auf das auch andernorts beobachtete *Ranunculetum fluitantis* hinweisen:

2 . 3 *Ranunculus fluitans*
1 . 2 *Potamogeton crispus*
+ *Potamogeton densus*
+ . 2 *Zanichellia palustris*
1 . 2 *Fontinalis antipyretica.*

Wesentlich artenreicher ist das *Myriophylleto-Nupharetum*, welches in stehenden Gewässern, z. B. alten Donauarmen, ausgebildet ist. Aufnahme 83 aus einem toten Arm der Naarn südlich Mettensdorf mit 70% Deckung der Wasservegetation im seichten Wasser setzt sich aus folgenden Arten zusammen:

3 . 3 *Nuphar luteum*
3 . 3 *Stratiotes aloides*
3 . 4 *Potamogeton pectinatus*
2 . 2 *Elodea canadensis*
1 . 2 *Hydrocharis morsus-ranae*
1 . 1 *Myriophyllum spicatum*
1 . 2 *Lemna trisulca*
+ . 2 *Lemna minor*
+ *Sagittaria sagittaefolia*
+ *Sparganium simplex*
+ *Oenanthe aquatica*
(+) *Utricularia vulgaris.*

Wird das Wasser noch seichter, so dringen allmählich Arten der Verlandungsgesellschaften des *Phragmition*-Verbandes ein, besonders des *Glycerieto-Sparganietum neglecti*, wie Aufnahme 150 aus der Wallseer Au zeigt:

3 . 4 *Glyceria plicata*
2 . 3 *Glyceria fluitans*
2 . 4 *Sparganium neglectum*
+ . 2 *Sparganium erectum*
1 . 2 *Butomus umbellatus*
+ . 2 *Alisma Plantago-aquatica*
1 . 2 *Sagittaria sagittaefolia*
1 . 2 *Typhoides arundinacea*
+ *Phragmites communis*
3 . 3 *Alopecurus geniculatus*
2 . 2 *Agrostis stolonifera.*

Die nächstfolgende Gesellschaft auf dem nicht mehr ständig unter Wasser stehenden Boden ist auf jeden Fall ein Großseggenbestand (*Caricetum vesicariae-gracilis*). Vor der weiteren Verfolgung dieser Entwicklung soll jedoch noch eine andere Anfangsgesellschaft erwähnt werden:

b) Schlammvegetation in der Uferzone (*Nanocyperion*) (Sign. 1). Der schlammige Uferstreifen der stets mit Wasser erfüllten Arme — besonders im Bereich der Entenlacke —, der nur bei tiefem Wasserstand nicht überflutet ist, trägt eine charakteristische Schlammvegetation, die sich aus folgenden Arten zusammensetzt (Aufn. 118, junge Weidenaufforstung östlich der Entenlacke):

4 . 4 *Polygonum minus*
2 . 3 *Polygonum mite*
4 . 5 *Heleocharis acicularis*
2 . 2 *Plantago intermedia*
2 . 3 *Rorippa islandica*
2 . 2 *Rorippa silvestris*
+ . 2 *Alopecurus geniculatus*
+ *Veronica anagalloides*
2 . 3 *Myosotis palustris*
2 . 2 *Carex vesicaria*
1 . 2 *Typhoides arundinacea*
2 . 1 *Veronica arvensis*
+ . 2 *Ranunculus repens*
+ . 2 *Poa annua*
+ *Lythrum Salicaria*
+ *Rumex conglomeratus*
+ *Oenanthe aquatica*
1 . 2 *Galium palustre.*

An anderen Stellen kamen noch *Polygonum hydropiper*, *Juncus bufonius*, *Agrostis stolonifera*, *Hippuris vulgaris* und *Rorippa amphibia* hinzu. Buchwald und Zeidler, welche die Gesellschaft im Herbst beobachteten, notierten noch die — wenigstens lokal sehr bezeichnenden — Arten *Limosella aquatica*, *Cyperus fuscus* und *Botrydium granulatum*. Die Zugehörigkeit zum *Nanocyperion*-Verband ist eindeutig, die Frage jedoch, ob es sich um eine eigene Assoziation oder bloß um eine besondere Ausbildung des *Cyperetum flavescentis* handelt, muß in Anbetracht der meist nur fragmentarischen Entwicklung offenbleiben. Die Gesellschaft ist auf die flachen Uferpartien unter Normalwasser beschränkt. Diese werden stets von neuem überschlickt und die oft nur kurze Niederwasserzeit genügt meist nicht für eine gute Entwicklung. Auf etwas höher ge-

Tabelle 1. Die Wiesengesellschaften des Machlandes

Lebensform	Ertragswert		Kalkreiche Auniederung										Kalkarme Niederterrasse					
			Großseggenstreu	Gnadenkrautwiese	Kriech-Hahnenfußgesellschaft		Filzseggenwiese			Knaulgraswiese	Salbeiwiese	Trespenwiese	Kriech-Hahnenfußgesellschaft	Filzseggenwiese	Knaulgraswiese	„Salbeiwiese"		
					mit Großseggen	ohne Großseggen	Sumpfrispengras-V.	typisch	Übergang zur Knaulgraswiese							Übergang v. Knaulgraswiese	typisch	extrem trocken
		Anzahl der Aufnahmen	10	3	14	5	5	9	9	10	14	7	1	5	13	6	6	2
		Differentialarten der kalkreichen Wiesen der Auniederung:																
G. rh.	G 2	*Agropyron repens*			305^{IV}	4050^{V}	902^{IV}	1167^{V}	278^{III}	228^{IV}	21^{III}	36^{I}			20^{I}			
H. s.	L	*Vicia Cracca*		3^{1}	126^{II}	54^{III}	920^{V}	640^{V}	117^{V}	129^{V}	258^{V}	360^{V}		50^{I}	3^{II}	85^{III}	43^{II}	5^{1}
G. rh.		*Equisetum arvense*			5^{III}	2^{I}	4^{II}	7^{IV}	89^{V}	30^{III}	24^{IV}	216^{II}		2^{I}	4^{II}	5^{III}	1^{I}	
H. s.		*Silaus flavescens*				6^{III}	4^{II}	36^{V}	444^{V}	106^{V}	59^{IV}	6^{III}			20^{I}	83^{II}	42^{I}	
H. cr.	G 2	*Agrostis gigantea*					4^{II}	638^{V}	583^{IV}	101^{III}	216^{II}	36^{I}						
G. rh.	G 3	*Calamagrostis epigeios*						29^{II}	84^{III}	201^{II}	127^{IV}	42^{V}			1^{I}		1^{I}	5^{1}
H. r.		*Cichorium Intybus*						1^{I}	32^{III}	130^{V}	113^{V}	79^{V}		2^{I}	1^{I}	3^{II}	3^{II}	
G. rh.	S	*Carex flacca*			18^{I}				88^{IV}	2^{I}	164^{V}	79^{V}					2^{I}	
G. p.		*Orobanche gracilis*							7^{IV}	5^{III}	10^{V}	9^{V}			2^{II}	3^{II}	3^{II}	5^{1}
H. c.	G 2	*Anthoxanthum odoratum*							28^{II}	51^{II}	1090^{V}	393^{V}			22^{II}	43^{II}	42^{I}	
		Differentialarten der Wiesen der kalkarmen Niederterrasse:																
H. cr.	OG 1	*Alopecurus pratensis*			2^{II}	720^{V}	350^{II}	1^{I}	587^{III}	53^{III}				2900^{V}	867^{V}	546^{V}	90^{V}	130^{2}
T.	L	*Trifolium minus*		3^{1}	1^{I}		2^{I}	1^{I}	1^{I}	25^{I}				2^{I}	80^{IV}	335^{IV}	50^{V}	875^{2}
H. r.		*Succisa pratensis*			1^{I}		2^{I}				1^{I}			52^{II}	25^{IV}	43^{II}	1^{I}	755^{2}
H. r.		*Lychnis Flos-cuculi*			18^{I}				2^{II}	1^{I}	1^{I}	1^{I}	250	202^{V}	83^{V}	128^{IV}	10^{V}	
H. r.		*Leontodon autumnale*		7^{2}			50^{I}	1^{I}	1^{I}	76^{II}		1^{I}	250	1250^{V}	560^{V}	298^{V}	130^{V}	10^{2}
H. r.		*Leontodon hispidus*							2^{II}	27^{II}	5^{III}				178^{V}	98^{V}	130^{V}	130^{2}
H. cr.	OG 1	*Trisetum flavescens*								201^{II}	38^{II}	7^{IV}		2^{I}	1137^{V}	875^{V}	1500^{V}	130^{2}
H. s.		*Veronica Chamaedrys*								3^{II}	2^{I}	1^{I}			120^{V}	85^{III}	336^{IV}	10^{2}
H. c.		*Holcus lanatus*									4^{III}			2^{I}	62^{IV}	298^{V}	210^{V}	130^{2}
H. c.	S	*Luzula campestris*									1^{I}	3^{II}			42^{III}	88^{IV}	88^{IV}	250^{2}
H. r.		*Campanula patula*									1^{I}	3^{II}			23^{III}	5^{III}	10^{V}	5^{1}
H. r.		*Campanula rotundifolia*									2^{II}	1^{I}			20^{I}	43^{II}	255^{IV}	10^{2}
H. r.		*Dianthus superbus*									1^{I}	1^{I}		6^{III}	216^{V}	418^{V}	586^{V}	250^{2}
H. r.		*Betonica officinalis*									1^{I}	19^{III}		4^{II}	522^{V}	795^{V}	578^{V}	1500^{2}
H. c.	G 2	*Agrostis tenuis*												56^{IV}	1097^{V}	1041^{V}	1458^{V}	1500^{2}
H. c.	S	*Carex pallescens*												6^{III}	40^{II}	88^{IV}	46^{IV}	5^{1}
H. s.		*Selinum Carvifolia*												4^{II}	21^{II}	6^{IV}		
H. r.		*Hypochoeris radicata*												2^{I}	79^{III}	46^{IV}	46^{IV}	250^{2}
H. r.		*Dianthus deltoides*													26^{IV}	98^{V}	98^{V}	10^{2}
G. b.		*Potentilla erecta*													60^{III}	46^{IV}	1^{I}	10^{2}
H. s.		*Hieracium umbellatum*													2^{II}	251^{II}	41^{I}	10^{2}

		Charakter- und Differentialarten der Großseggenstreu (*Magnocaricion* und *Phragmitetalia*):																
H. r.		*Rumex Hydrolapathum*	4^{II}															
H. s.		*Oenanthe aquatica*	27^{II}															
G. rh.		*Equisetum limosum*	28^{II}															
H. s.		*Senecio paludosus*	551^{II}															
H. s.		*Rorippa amphibia*	352^{III}		1^{I}													
H. r.		*Alisma Plantago-aquatica*	29^{III}	3^{1}	3^{II}													
H. c.	GS	*Carex vesicaria*	4050^{V}	3^{1}	129^{III}								3750					
H. c.	GS	*Carex gracilis*	3800^{V}	1008^{3}	2091^{V}		4^{II}											
G. rh.		*Iris Pseudacorus*	28^{II}	83^{1}	1^{I}								10	2^{I}				
G. rh.	G 2	*Phragmites communis*	27^{II}	583^{2}							1^{I}							
G. rh.	GS	*Carex disticha*	300^{I}	1088^{3}	144^{II}		54^{III}											
H. c.	GS	*Carex vulpina*											250	58^{V}				
		Lokale Charakterarten der Gnadenkrautwiese:																
H. c.	S	*Carex fusca*		3838^{3}			2^{1}											
H. s.		*Gratiola officinalis*		1738^{3}														
H. s.		*Mentha verticillata*		587^{3}									250	52^{II}				
H. s.		*Inula britannica*		3^{1}														
H. s.		*Teucrium Scordium*		3^{1}														
		Charakterarten der Kriech-Hahnenfußgesellschaft:																
G. rh.	S	*Heleocharis palustris*	1^{I}		1196^{III}	300^{I}												
H. r.		*Rorippa silvestris*	26^{I}		67^{III}	50^{I}							250					
H. cr.	UG 1	*Poa palustris*	3^{II}		2181^{V}	656^{V}	452^{V}											
		Charakterarten der Filzseggenwiese:																
G. rh.		*Ophioglossum vulgatum*			1^{I}	4^{II}	952^{V}	1029^{IV}	60^{IV}									
G. rh.	S	*Carex tomentosa*			18^{I}		758^{V}	2584^{V}	61^{IV}					302^{II}				
H. r.		*Viola stagnina*					50^{I}	474^{III}	28^{I}									
G. rh.	S	*Carex praecox*			107^{I}		2^{I}	417^{I}						50^{I}				
H. r.		*Ranunculus auricomus*											250	56^{IV}	1^{I}	1^{I}		
H. c.	Mv	*Agrostis canina*			107^{I}									600^{II}				
		Differentialarten der Knaulgraswiese:																
H. s.		*Anthriscus silvester*								155^{III}					2^{1}			
H. s.	L	*Vicia sepium*								27^{II}	1^{I}				1^{I}			

Fortsetzung s. S. 6

Fortsetzung von S. 5

Lebensform	Ertragswert		Kalkreiche Auniederung										Kalkarme Niederterrassen					
			Großseggenstreu	Gnadenkrautwiese	Kriech-Hahnenfußgesellschaft		Filzseggenwiese			Knaulgraswiese	Salbeiwiese	Trespenwiese	Kriech-Hahnenfußgesellschaft	Filzseggenwiese	Knaulgraswiese	„Salbeiwiese"		
					mit Großseggen	ohne Großseggen	Sumpfrispengras-V.	typisch	Übergang zur Knaulgraswiese							Übergang v. Knaulgraswiese	typisch	extrem trocken
		Anzahl der Aufnahmen	10	3	14	5	5	9	9	10	14	7	1	5	13	6	6	2
H. s.		*Carum Carvi*							30^{II}	129^{V}	21^{II}			1^{I}	1^{I}	1^{I}		
H. c.	G 2	*Festuca arundinacea*							28^{II}	1^{I}	1^{I}				256^{V}	1^{I}	1^{I}	
		Differentialarten der Salbeiwiese:																
H. r.		*Salvia pratensis*								2^{I}	1002^{V}	964^{V}				3^{II}	90^{V}	
H. r.		*Viola hirta*							1^{I}		202^{V}	573^{V}				41^{I}	46^{IV}	10^{2}
H. s.		*Ononis spinosa*							1^{I}	2^{I}	202^{V}	181^{V}				1^{I}	46^{IV}	5^{1}
H. c.	G 3	*Koeleria pyramidata*							1^{I}	1^{I}	37^{II}	470^{V}				43^{II}	43^{II}	250^{2}
H. r.		*Pimpinella saxifraga*									29^{II}	79^{V}			1^{I}	253^{IV}	46^{IV}	250^{2}
Ch. r.	Mv	*Thymus pulegioides*									23^{II}	573^{V}			2^{I}	48^{IV}	10^{V}	755^{2}
H. r.		*Silene Cucubalus*									6^{III}	43^{V}			2^{I}	3^{II}	6^{IV}	5^{1}
H. s.		*Polygala vulgaris*									57^{III}	251^{V}				45^{III}	1^{I}	10^{2}
H. r.		*Dianthus Carthusianorum*									167^{V}	181^{V}					5^{III}	250^{2}
H. r.		*Scabiosa Columbaria*									96^{V}	76^{IV}			1^{I}			5^{1}
Ch. sc.	Mv	*Sedum sexangulare*									4^{II}	359^{V}			1^{I}	1^{I}		
Ch. r.	L	*Medicago falcata*									129^{III}	111^{V}					83^{II}	
H. c.	S	*Carex ornithopoda*								1^{I}	36^{II}	77^{V}						125^{1}
H. c.	G 3	*Brachypodium pinnatum*								25^{I}	288^{II}	1180^{V}						
H. r.	Gift	*Euphorbia verrucosa*									263^{III}	431^{III}						
G. b.		*Orchis ustulata*									22^{III}	41^{IV}						
G. b.		*Orchis militaris*									23^{III}	6^{III}						
G. b.		*Orchis tridentata*									19^{II}	37^{II}						
H. s.	L	*Trifolium montanum*									37^{II}	217^{III}						
G. b.		*Ranunculus bulbosus*													1^{I}	1^{I}	86^{IV}	130^{2}
		Differentialarten der Trespenwiese bzw. extrem trockenen Niederterrassenwiese:																
H. c.	G 2	*Bromus erectus*									2^{II}	2578^{V}						
H. c.	G 3	*Festuca sulcata*									1^{I}	2286^{V}				1^{I}		
H. r.		*Linum perenne*										77^{V}						
H. r.	L	*Anthyllis Vulneraria*									1^{I}	77^{V}						
Ch. r.		*Selaginella helvetica*									1^{I}	4^{III}						
H. s.		*Thalictrum minus*									1^{I}	3^{II}						
H. c.	G 2	*Avenastrum pubescens*									17^{I}	501^{IV}			23^{III}	45^{III}	3^{II}	5^{1}
H. r.		*Scabiosa ochroleuca*									1^{I}	40^{III}						250^{2}
H. r.		*Viola rupestris*										1^{I}						755^{2}

		Allgemeiner verbreitete Arten der nassen Gesellschaften (Begleiter und „*Calthion*“):																
H. r.		*Caltha palustris*	78^{III}	667^{3}			2^{I}											
H. s.		*Mentha aquatica*	101^{III}	167^{3}	1^{I}													
H. r.		*Myosotis palustris*	403^{III}	83^{1}	1^{I}									2^{I}				
H. s.		*Lythrum Salicaria*	78^{III}	170^{3}	21^{II}					1^{I}			10	2^{I}				
H. rp.	Mv	*Agrostis stolonifera*	376^{II}	**1088^{3}**	**2004^{V}**	**3100^{V}**	**4750^{V}**											
H. s.		*Galium palustre*	**1426^{V}**	667^{3}	789^{IV}	2^{I}	54^{III}	29^{II}	1^{I}				**1500**	100^{II}				
H. cr.	OG 1	*Typhoides arundinacea*	777^{IV}	86^{3}	592^{IV}	350^{II}	352^{III}	420^{III}	2^{II}	28^{II}				2^{I}				
H. r.		*Rumex crispus*	26^{I}		166^{IV}	58^{V}	52^{III}	1^{I}	3^{II}	4^{II}			250					
H. rp.	Mv	*Potentilla reptans*	25^{I}	**1500^{3}**	**2697^{V}**	**1700^{V}**	8[illegible]4^{V}	944^{V}	112^{III}	54^{III}				2^{I}				
H. rp.		*Ranunculus repens*	**1802^{III}**	**2250^{3}**	**2418^{V}**	**1200^{V}**	**1700^{V}**	918^{V}	587^{V}	207^{V}	1^{I}		**6250**	154^{V}	253^{V}	88^{IV}	1^{I}	
H. rp.	Mv	*Lysimachia Nummularia*	854^{V}	587^{3}	**1073^{V}**	**1200^{V}**	500^{V}	751^{V}	474^{V}	404^{V}	150^{V}	3^{II}	**1500**	404^{V}	330^{V}	1^{I}	88^{IV}	
		Arten der feuchten Wiesen (*Molinietalia*):																
G. rh.	Gift	*Equisetum palustre*	27^{II}	170^{3}	3^{II}		4^{II}	30^{II}			19^{II}							
H. r.		*Cardamine pratensis*	2^{I}	83^{1}	4^{II}			86^{III}	28^{II}	28^{II}	21^{II}	3^{II}	**1500**	354^{IV}	27^{III}	45^{III}	1^{I}	
H. c.	G 3	*Deschampsia caespitosa*		**1888^{3}**	1^{I}	58^{V}	500^{I}	**3417^{V}**	917^{V}	628^{IV}	41^{IV}		250	**3800^{V}**	**1448^{V}**	**1418^{V}**	**1666^{V}**	**1500^{2}**
H. r.		*Sanguisorba officinalis*		170^{3}	1^{I}		52^{II}	976^{V}	394^{V}	81^{V}	238^{V}	44^{V}		**2150^{V}**	440^{IV}	130^{V}	338^{V}	**1500^{2}**
G. b.	Gift	*Colchicum autumnale*				6^{III}	4^{II}	448^{III}	**1444^{V}**	402^{V}	976^{V}	290^{V}			9^{V}	50^{V}	10^{V}	10^{2}
H. r.	L	*Trifolium hybridum*					2^{I}	4^{III}	101^{III}	26^{I}	1^{I}		10	**1602^{IV}**	20^{II}	1^{I}	1^{I}	
G. rh.	S	*Carex panicea*		83^{1}				169^{II}	57^{II}	1^{I}	1^{I}			2^{I}	1^{I}	3^{II}		
T.		*Rhinanthus minor*						194^{II}	30^{II}	1^{I}	19^{II}	3^{II}						
H. c.	G 3	*Molinia coerulea*		583^{2}					169^{II}		876^{V}	716^{V}		2^{I}	136^{II}	500^{I}	88^{IV}	**1500^{2}**
		Wiesenpflanzen (*Molinieto-Arrhenatheratea*):																
H. r.		*Symphytum officinale*	2^{I}	90^{3}	44^{V}	106^{V}	106^{V}	56^{V}	61^{IV}	58^{V}	1^{I}			2^{I}	5^{III}	3^{II}	1^{I}	
H. r.		*Prunella vulgaris*	25^{I}	500^{1}	19^{I}	352^{III}	**1054^{IV}**	**1233^{V}**	**1279^{V}**	**1575^{V}**	555^{V}	7^{IV}		302^{II}	155^{IV}	43^{II}	166^{IV}	125^{1}
H. rp.	L	*Trifolium repens*		503^{2}	1^{I}	950^{IV}	**1252^{II}**	279^{IV}	917^{V}	**1350^{V}**	449^{V}	44^{V}		950^{IV}	885^{V}	835^{V}	626^{V}	10^{2}
H. s.	L	*Lotus corniculatus*		3^{1}	1^{I}	52^{II}	50^{I}	256^{IV}	613^{V}	303^{V}	360^{V}	360^{V}		200^{IV}	597^{V}	**1041^{V}**	458^{V}	875^{2}
H. cr.	UG 1	*Poa pratensis*		83^{1}		900^{IV}	**1202^{V}**	**2500^{V}**	**2389^{V}**	**2275^{V}**	**1018^{V}**	113^{V}		**2552^{V}**	**3712^{V}**	**2625^{V}**	**3208^{V}**	**3250^{2}**
H. r.	L	*Trifolium pratense*			2^{II}	8^{IV}	4^{II}	29^{II}	750^{IV}	**1875^{V}**	930^{V}	324^{V}		404^{V}	**1730^{V}**	**2041^{V}**	**1291^{V}**	250^{2}
H. s.		*Centaurea Jacea*		7^{2}		2^{I}	4^{II}	8^{IV}	506^{V}	404^{V}	164^{V}	79^{V}		8^{V}	657^{V}	50^{V}	170^{V}	250^{2}
H. cr.	OG 1	*Festuca pratensis*				6^{III}	602^{III}	421^{V}	**1472^{V}**	**1600^{V}**	786^{V}	147^{V}		950^{IV}	**1307^{V}**	835^{V}	835^{V}	250^{2}
H. r.		*Plantago lanceolata*		7^{2}		2^{I}	52^{II}	1^{I}	58^{II}	154^{V}	94^{V}	113^{V}		125^{III}	346^{V}	458^{V}	666^{V}	250^{2}
H. s.	L	*Medicago lupulina*			1^{I}	2^{I}	2^{I}	55^{III}	38^{IV}	128^{IV}	219^{V}	216^{V}			23^{III}	86^{IV}	336^{V}	5^{1}
H. cr.	UG 1	*Festuca rubra*				2^{I}	2^{I}	333^{II}	**2972^{IV}**	**3075^{V}**	**3196^{V}**	**1078^{V}**		50^{I}	962^{V}	**1458^{V}**	**1786^{V}**	**1500^{3}**
T.	Gift	*Euphrasia Rostkoviana*	1^{I}	3^{1}			2^{I}	1^{I}	58^{III}	75^{II}	273^{V}	43^{V}		50^{I}	119^{V}	170^{V}	378^{V}	130^{2}
H. r.		*Chrysanthemum Leucanthemum*					2^{I}	1^{I}	62^{V}	155^{V}	466^{V}	359^{V}		304^{III}	235^{V}	416^{IV}	458^{V}	10^{2}
H. s.	L	*Lathyrus pratensis*		3^{1}				3^{II}	88^{IV}	5^{III}	42^{IV}	7^{IV}		54^{III}	387^{V}	170^{V}	418^{V}	250^{2}
H. r.		*Bellis perennis*				6^{III}		3^{II}	61^{IV}	577^{V}	76^{IV}	6^{III}			23^{III}	43^{II}	88^{IV}	
H. r.		*Ranunculus acer*						3^{II}	142^{V}	380^{V}	322^{V}	216^{V}		106^{V}	231^{V}	250^{V}	458^{V}	250^{2}
H. s.		*Pimpinella major*	1^{I}					2^{II}	113^{IV}	178^{V}	96^{V}	6^{III}		4^{II}	139^{V}	170^{V}	210^{V}	

Fortsetzung s. S. 8

Fortsetzung von S. 7

Lebensform	Ertragswert		Kalkreiche Auniederung										Kalkarme Niederterrasse					
			Großseggenstreu	Gnadenkrautwiese	Kriech-Hahnenfußgesellschaft		Filzseggenwiese			Knaulgraswiese	Salbeiwiese	Trespenwiese	Kriech-Hahnenfußgesellschaft	Filzseggenwiese	Knaulgraswiese	„Salbeiwiese"		
					mit Großseggen	ohne Großseggen	Sumpfrispengras-V.	typisch	Übergang zur Knaulgraswiese							Übergang v. Knaulgraswiese	typisch	extrem trocken
		Anzahl der Aufnahmen	10	3	14	5	5	9	9	10	14	7	1	5	13	6	6	2
H. s.		*Achillea Millefolium*						2^{II}	113^{IV}	452^{V}	411^{V}	180^{V}		8^{IV}	1000^{V}	378^{V}	1078^{V}	250^{2}
H. r.		*Leontodon danubialis*						1^{I}	476^{IV}	702^{V}	1019^{V}	573^{V}		52^{II}	923^{V}	1667^{V}	1875^{V}	875^{2}
H. r.		*Rumex Acetosa*						1^{I}	4^{III}	55^{IV}	44^{V}	43^{V}		104^{IV}	212^{V}	168^{IV}	90^{V}	10^{2}
H. cr.	OG 1	*Dactylis glomerata*							974^{V}	2926^{V}	1822^{V}	429^{V}		2^{I}	1174^{V}	795^{V}	1500^{V}	1500^{2}
H. r.		*Tragopogon orientale*							3^{II}	58^{V}	181^{V}	109^{II}		2^{I}	198^{V}	298^{V}	586^{V}	130^{2}
H. r.		*Crepis biennis*	1^{I}						28^{II}	207^{V}	167^{V}	79^{V}		2^{I}	350^{V}	257^{V}	208^{V}	5^{1}
H. s.		*Heracleum Sphondylium*							1^{I}	231^{V}	131^{IV}	10^{V}			369^{IV}	3^{II}	90^{V}	5^{1}
H. r.		*Knautia arvensis*							2^{II}	56^{IV}	360^{V}	360^{V}			42^{V}	46^{IV}	50^{V}	130^{2}
H. c.	G 2	*Briza media*							84^{III}	325^{II}	555^{V}	539^{V}			3^{II}	358^{V}	86^{IV}	250^{2}
H. s.		*Daucus Carota*							30^{II}	4^{II}	113^{V}	251^{V}		2^{I}	63^{IV}	378^{V}	298^{IV}	130^{2}
H. r.		*Cerastium caespitosum*								77^{III}	112^{V}	39^{III}			366^{V}	43^{II}	88^{IV}	130^{2}
H. r.		*Pastinaca sativa*								31^{IV}	61^{V}	79^{V}			60^{III}	5^{III}	50^{V}	
H. cr.	OG 1	*Arrhenatherum elatius*								1^{I}	1^{I}	1^{I}			23^{III}	126^{IV}	46^{IV}	5^{1}
H. cr.	UG 1	*Cynosurus cristatus*								25^{I}					22^{II}	1^{I}	46^{IV}	5^{1}
T.	L	*Trifolium campestre*									10^{II}	3^{II}			3^{II}	45^{III}	3^{II}	10^{2}
		Begleiter:																
H. r.		*Taraxacum officinale*	2^{I}	83^{1}	129^{V}	202^{V}	154^{V}	336^{V}	309^{V}	1076^{V}	381^{V}	41^{IV}	10	200^{IV}	446^{V}	130^{V}	168^{V}	5^{1}
H. c.	S	*Carex hirta*			108^{1}		100^{II}	3^{II}	28^{II}	26^{I}	21^{II}	36^{I}		50^{I}	1^{I}	3^{II}		
H. rp.		*Glechoma hederacea*		83^{1}			2^{I}	29^{II}		201^{II}	1^{I}			52^{II}	20^{II}	41^{I}	1^{I}	
H. s.		*Galium verum*					2^{I}	8^{IV}	281^{IV}	31^{IV}	164^{V}	79^{V}			60^{III}	46^{IV}	86^{IV}	10^{2}
G. rh.	S, Mv	*Carex caryophyllea*						3^{II}	60^{IV}	27^{II}	679^{V}	1429^{V}			1^{I}	45^{III}	8^{IV}	130^{2}
H. s.		*Galium Mollugo*	1^{I}						1^{I}	379^{V}	61^{V}	3^{II}			407^{V}	338^{V}	298^{V}	
H. rp.		*Ajuga reptans*							59^{III}	105^{V}	165^{V}	77^{V}			311^{V}	46^{IV}	41^{II}	
H. r.		*Plantago media*							3^{II}	74^{V}	360^{V}	110^{V}			22^{II}	5^{III}	85^{III}	5^{1}
T.		*Linum catharticum*							2^{II}		42^{IV}	9^{V}			1^{I}	1^{I}	3^{II}	130^{2}
H. r.		*Polygala amarella*						1^{I}	1^{I}	1^{I}	24^{IV}	44^{V}						
		Moose:																
		Acrocladium cuspidatum	26^{I}	2225^{3}	108^{I}	302^{II}	3300^{IV}	1694^{V}	557^{IV}	501^{III}	574^{V}	73^{III}		602^{III}		42^{I}	3^{II}	
		Drepanocladus Sendtneri	4^{II}	2500^{2}	18^{I}		354^{IV}	89^{V}	31^{III}	27^{II}	1^{I}			2^{I}				
		Climacium dendroides		500^{1}			1042^{III}	223^{III}	362^{III}	1^{I}				700^{IV}	21^{II}	2^{I}	42^{I}	
		Brachythecium salebrosum			2^{II}			197^{III}	418^{IV}	355^{V}	304^{III}			100^{II}	425^{IV}	667^{V}	917^{V}	125^{1}
		Thuidium delicatulum					2^{I}	834^{IV}	1751^{IV}	301^{II}	1465^{IV}	2586^{V}		52^{II}	40^{II}	335^{IV}	543^{IV}	250^{2}
		Eurhynchium speciosum						29^{II}	196^{II}	51^{II}	894^{IV}				21^{II}	42^{I}	2^{I}	
		Abietinella abietina					2^{I}	29^{II}	30^{II}	26^{I}	31^{II}	2146^{V}		2^{I}		252^{II}	42^{I}	5^{1}
		Mnium cuspidatum							28^{II}	28^{II}	2^{II}				60^{III}	3^{II}	47^{IV}	
		Camptothecium lutescens									19^{I}	1086^{IV}				2^{I}	42^{I}	
		Rhytidiadelphus triquetrus							1^{I}		1^{I}				20^{I}			8125^{1}

legenen Standorten wird das *Nanocyperion*-Stadium dagegen rasch durchlaufen und wir finden nur vereinzelte Elemente dieser Gesellschaft als Reste zwischen den Großseggen.

Alle weiteren Gesellschaften stehen untereinander in so enger Verbindung — sowohl in bezug auf ihre Artenliste, als auch auf ihre Ökologie —, daß sie trotz ihrer Zugehörigkeit zu verschiedensten Einheiten als Glieder einer ökologischen Reihe in Tab. 1 zusammengefaßt sind, in der das Auftreten der Arten in den einzelnen Gesellschaften durch ihren Deckungswert[1a] dargestellt ist.

c) Großseggenstreu (*Magnocaricion*, besonders *Caricetum vesicariae-gracilis*) (Sign. 3). In den tiefsten, stets nassen Gräben, in denen bei Normalstand der Donau das Wasser eben an die Oberfläche tritt, sind dichte Bestände von Großseggen, besonders Spitzsegge *(Carex gracilis)* und Blasensegge *(Carex vesicaria)* anzutreffen. Diese beiden Arten beherrschen fast allein die deutlich zweischichtige Gesellschaft, in deren oberer Schicht (60 bis 80 cm) daneben vor allem die übrigen Arten von *Magnocaricion* und *Phragmitetalia* vertreten sind. Unter diesen verdient *Senecio paludosus* als Charakterart hervorgehoben zu werden, während die anderen Arten in den — im übrigen nur schwach ausgeprägten — Schilfbeständen in tieferem Wasser (Sign. 2)[1b] fast noch bessere Bedingungen finden. Sehr bemerkenswert ist in den besonders üppigen Beständen um die Entenlacke einerseits der seltene *Scirpus radicans* (Aufn. 114), anderseits an etwas trockeneren Stellen — oft faziesbildend — die eingebürgerte Goldrute *Solidago serotina* (Aufn. 115). Die „allgemeiner verbreiteten Arten nasser Gesellschaften“ sind als meist niederliegende Arten fast ausschließlich auf die untere Schicht (5 bis 15 cm) beschränkt, nur *Typhoides arundinacea* (regionale Charakterart der *Phragmitetalia*), *Lythrum Salicaria* und *Rumex crispus* sind hochwüchsig.

Die Gesellschaft ist sehr einheitlich, nur selten tritt eine leichte Entmischung ein, indem *Carex vesicaria* unmittelbar am offenen Wasser stärker hervortritt, während landeinwärts eine *Carex gracilis*-Zone folgt. Bei Hebung des Bodens über den Normalspiegel wird der Schluß lockerer und die Arten der unteren Schicht, besonders *Ranunculus repens* und *Potentilla reptans*, treten stärker hervor — die nächste Stufe der Reihe, die Großseggen-Subassoziation der Kriech-Hahnenfußgesellschaft ist erreicht.

Zur Systematik der Großseggenstreu ist folgendes zu bemerken: W. Koch unterschied innerhalb des Verbandes *Magnocaricion* neben dem Steifseggenried *(Caricetum elatae)*, welches in einem fragmentarischen, dem Schilfröhricht noch nahestehenden Bestand auch im Untersuchungsgebiet westlich Leitzing beobachtet wurde (Aufn. 133), ein *Caricetum inflatae-vesicariae*, das seither immer wieder in der Literatur aufscheint. Nach unseren bisherigen Beobachtungen in verschiedenen Teilen Österreichs treten jedoch *Carex inflata* und *Carex vesicaria* stets getrennt auf, erstere an Wassergräben oder sonst nassen Stellen auf torfigem oder anmoorigem Boden, letztere dagegen bildet — fast stets gemeinsam mit *Carex gracilis* die typische Verlandungsgesellschaft auf nährstoffreichem Mineralboden. Da sich diese *Carex*-Arten auch in anderen Gebieten ähnlich zu verhalten scheinen[2], schlage ich eher Trennung in ein *Caricetum inflatae* und ein *Caricetum vesicariae-gracilis* vor.

Im Anschluß an die Großseggen sei die Hochstaudenstreu (Sign. 13[3]) erwähnt, die nur in einem Graben südlich Mettendorf angetroffen wurde (Aufn. 108):

3 . 3 *Typhoides arundinacea*
2 . 3 *Phragmites communis*
1 . 2 *Glyceria maxima*
1 . 2 *Poa palustris*
1 . 2 *Carex gracilis*
\+ *Carex acutiformis*
2 . 3 *Iris Pseudacorus*

2 . 3 *Filipendula Ulmaria*
1 . 2 *Lysimachia vulgaris*
1 . 1 *Cirsium oleraceum*
1 . 1 *Thalictrum lucidum*
\+ *Valeriana officinalis*
\+ *Symphytum officinale*

\+ *Molinia coerulea*
1 . 1 *Equisetum palustre*
\+ . 2 *Festuca arundinacea*
\+ *Vicia Cracca*

3 . 4 *Mentha aquatica*
2 . 3 *Lysimachia Nummularia*
2 . 2 *Galium palustre*
2 . 2 *Calystegia sepium*
1 . 1 *Lythrum Salicaria*
\+ . 2 *Urtica dioica*
\+ *Polygonum Persicaria*
\+ *Rudbeckia laciniata*
\+ *Rumex obtusifolius*
\+ *Myosotis palustris*

Wohl überwiegen die Arten der *Phragmitetalia*, dennoch ist die enge Verwandtschaft, wenn nicht Identität mit dem *Filipenduleto-Geranietum*, das auch anderwärts in ähnlichen großseggenreichen Ausbildungen zu beobachten ist, unverkennbar. Diese Gesellschaft stellt ja auch den Übergang von *Magnocaricion* zu *Molinion* her, der bei Abstellung der

[1a] Kombination von Stetigkeit und Menge. Er wird berechnet durch Addition der Mengenwerte (Zahlen der Mengenschätzung in mittlere Flächendeckung umgerechnet) in den einzelnen Aufnahmen × 100 : Zahl der Aufnahmen (ganzzahlige Werte von 1 bis 8750). Die Stetigkeit wird als Exponent (I bis V) beigefügt.

[1b] Besonders im Altaubach und im westlichen Grenerarm.

[2] Tüxen (1937) unterscheidet im *Caricetum inflatae-vesicariae* eine Subassoziation von *Carex inflata* (ohne *C. vesicaria!*) und eine solche von *Carex vesicaria* (mit 50% Stetigkeit *Carex gracilis* und nur 33% *C. inflata!*) und überdies ein *Caricetum gracilis*.

[3] In der einfarbigen Karte mit der Großseggenstreu zusammengezogen.

Vegetationssystematik nur auf Vegetationsklassen ohne Querverbindungen unberücksichtigt bleiben muß.

d) Gnadenkrautwiese (*Gratiola officinalis-Carex fusca*-Ass.). Im Bogen der alten Naarn zwischen Miterkirchen und Mettensdorf wurde an Hand von drei Vegetationsaufnahmen (Aufn. 132, 138, 140) auf schwerem Gleyboden diese von der normalen Artenzusammensetzung abweichende Folgegesellschaft der Großseggenstreu festgestellt, die gleich erwähnt werden soll, um später die kontinuierliche Reihe nicht zu unterbrechen. Da sie vor allem durch den Seggenreichtum der Kriech-Hahnenfußgesellschaft mit Großseggen nahesteht, wurde sie mit der gleichen Signatur wie diese bezeichnet. Sie unterscheidet sich jedoch wesentlich durch die starke Moosschicht und die große Zahl von Wiesenpflanzen (*Molinieto-Arrhenatheretea*, besonders *Molinietalia*), wodurch eher ein Anschluß an die Filzseggenwiese angedeutet wird. Allerdings weisen die gesellschaftseigenen Arten auch dieser gegenüber auf eine andere Entwicklungsrichtung hin: *Gratiola officinalis, Deschampsia caespitosa* und die in Aufnahme 132 hinzutretenden Arten *Teucrium Scordium* und *Inula britannica*[4] legen den Anschluß an den südöstlichen Verband *Deschampsion caespitosae* Horvatić nahe, mit welchem auch hinsichtlich des nassen schweren Bodens gute Übereinstimmung in der Ökologie besteht. Besonders interessant ist daneben in Aufn. 138, die der Kriech-Hahnenfußgesellschaft nähersteht, das Auftreten des seltenen *Apium repens*. Im übrigen ist das vorliegende Material für eine Klärung des Gesellschaftsanschlusses zu dürftig.

e) Kriech-Hahnenfußgesellschaft (*Ranunculus repens-Alopecurus geniculatus*-Assoziation) (Sign. 4, 5). Die Vegetation der tieferen Gräben, die bereits von geringstem Hochwasser überschwemmt werden, ist durch das Vorherrschen niederliegender Arten, besonders Kriech-Hahnenfuß (*Ranunculus repens*) gekennzeichnet, der hier trotz seiner weiten Amplitude zweifellos sein Optimum findet (Deckungswert!). Als lokale Charakterarten sind *Poa palustris* und die beiden auch sonst auf ähnlichen Standorten weitverbreiteten Arten *Heleocharis palustris* und *Rorippa silvestris* anzusehen. Auch *Rumex crispus* erreicht hier sein Optimum. Die Gesellschaft tritt in zwei Subassoziationen auf, die zugleich aufeinanderfolgende Glieder der ökologischen Reihe sind:

Die nasseren Böden, meist unmittelbar im Anschluß an Großseggenstreu, werden von der *Carex gracilis*-Subassoziation (Sign. 4) eingenommen, in der noch zahlreiche Arten der Großseggenstreu auftreten. Deren Schluß ist jedoch infolge der überaus dichten Unterschicht von *Ranunculus repens, Potentilla reptans, Lysimachia Nummularia* und *Agrostis stolonifera* wesentlich lockerer. Auch *Poa palustris* und *Heleocharis palustris* finden hier ihr Optimum und sind zusammen mit den übrigen genannten Arten in wechselnder Zusammensetzung an der Bildung verschiedener Fazies beteiligt. Wiesenpflanzen (auch Arten der *Molinietalia*) fehlen fast völlig. Die Subassoziation erreicht nur im Umkreis der Entenlacke größere Ausdehnung.

In der etwas weniger nassen Ausbildung (Sign. 5), die im allgemeinen um 20 bis 50 cm höher liegt, fehlen *Carex gracilis* und die anderen *Magnocaricion*-Arten, dafür treten bereits einige Wiesenpflanzen, besonders *Trifolium repens, Poa pratensis* und *Alopecurus pratensis*, auf. Die kriechenden Arten treten etwas zurück und an die erste Stelle kommt die Quecke (*Agropyron repens*). Diese „*Agropyron repens*-Subassoziation" ist außer in schmalen Gräben nur in der Umgebung von Ardagger auf beschränktem Raum flächenhaft entwickelt.

Die entscheidende Umweltbedingung der ganzen Assoziation ist schlickiger, oft und andauernd überschwemmter Boden in tieferen Gräben. Durch die regelmäßigen Überschwemmungen wird stets von neuem stickstoffreicher und dadurch düngend wirkender Schlamm abgelagert, wozu noch bei starkem Hochwasser Einschwemmung von Feinerde aus den höhergelegenen Wiesen kommt. Den ungünstigen Wasserverhältnissen stehen also ausgesprochen günstige Nährstoffverhältnisse gegenüber.

Artenliste und Ökologie deuten bereits auf den Gesellschaftsanschluß an die zumindest in den mitteleuropäischen Alluvialgebieten verbreitete *Ranunculus repens-Alopecurus geniculatus*-Assoziation hin, wenn auch *Alopecurus geniculatus* im Machland stets nur in den nassesten Beständen auftritt, die fast zwischen *Nanocyperion* und *Magnocaricion* stehen. Tüxen, der die Assoziation 1937 erstmalig beschrieb, stellt sie in den Verband „*Calthion palustris*", der die meist etwas feuchteren, vor allem aber nährstoffreicheren Glieder der *Molinietalia* enthält und als geographische Rasse dem südöstlichen *Deschampsion caespitosae* entspricht. Auch in den Tabellen Tüxens sind jedoch die Charakterarten der *Molinieto-Arrhenatheretea* und insbesondere die Charakterarten von *Molinietalia* und *Calthion* auffallend schwach vertreten. Mehrere durchgehende „Begleiter" mit hoher Stetigkeit, wie *Ranunculus Flammula, Galium palustre, Heleocharis palustris, Potentilla Anserina, Lysimachia Nummularia* und *Glyceria fluitans*, die größtenteils auch im Machland vorkommen, dagegen weisen eindeutig auf die spezifische Eigenart dieser zwischen *Magnocaricion, Nanocyperion* und *Deschampsion* bzw. *Calthion* stehenden Gesellschaft hin[5]. Ein Anschluß der *Ranunculus respens-Alopecurus geniculatus*-Assoziation an eine der genannten Einheiten erscheint nicht ratsam, vielmehr wäre eine umfassende Überprüfung und wohl auch weitgehende

[4] In ähnlicher Artenzusammensetzung fand sich auch *Veronica longifolia*.

[5] *Potentilla reptans*, die im Machland und auch andernorts in Österreich in dieser oder nächstverwandten nassen Gesellschaften ihr Optimum findet, scheint bei Tüxen als Charakterart des *Arrhenatheretum* auf — offenbar handelt es sich hier um eine Wandlung der Standortsansprüche.

Neuordnung der Grünlandgesellschaften des vernäßten Bodens auf der Basis einer zum Teil mehrdimensionalen Verknüpfung der einzelnen Verbände nötig. Diesbezügliche Untersuchungen, die naturgemäß auf Verarbeitung eines umfassenden Aufnahmematerials beruhen müssen, sind im Gange.

f) Filzseggenwiese (*Carex tomentosa-Ophioglossum vulgatum*-Assoziation) (Sign. 6, 7). Das nächsthöhere Niveau, meist durch Stufen in den Gräben abgesetzt, oft auch an den Böschungen ausgebildet, ist durch deutliches Zurücktreten der niederliegenden Arten gegenüber der mächtig vorherrschenden Rasenschmiele *(Deschampsia caespitosa)* und der reichen Moosschicht gekennzeichnet, welche in der Kriech-Hahnenfußgesellschaft fehlen. Die Arten der *Molinietalia* zeigen ein ausgeprägtes Maximum und auch die Wiesenpflanzen der *Molinieto-Arrhenatheretea* sind reichlicher vertreten. Darüber hinaus enthält die Assoziation drei Charakterarten, die vom lokalen Standpunkt schlechtweg als absolut bezeichnet werden können und überdies einen hohen Deckungswert erreichen: *Carex tomentosa*[6], *Ophioglossum vulgatum* und *Viola stagnina*[7]. Neben diesen Arten treten oft auch — besonders in etwas trockeneren Beständen — *Sanguisorba officinalis* bzw. *Vicia Cracca* faziesbildend hervor.

In typischer Ausbildung (Sign. 6) ist die Gesellschaft vorwiegend an den Böschungen tieferer Gräben ausgebildet, an denen der Boden nicht so nährstoffreich ist — die Sinkstoffe werden in die Grabensohle gewaschen. Bezeichnend ist das fast völlige Zurücktreten anspruchsvollerer Arten (vgl. besonders *Alopecurus pratensis*). Oft ist der Boden überdies stark sandig (charakteristisch das gelegentliche Auftreten von *Carex praecox*). Auf ebeneren Flächen oder am Grunde von Mulden wird die Assoziation je nach der Lage zum Grundwasser durch zwei andere Ausbildungen ersetzt:

Auf nasserem Boden durch die *Poa palustris*-Subassoziation, welche ein deutliches Bindeglied zur Kriech-Hahnenfußgesellschaft darstellt und durch das — wenn auch spärliche — Auftreten von Großseggen sogar fast an deren *Carex gracilis*-Subassoziation anzuschließen scheint. Besonders auffällig ist die Dominanz des Flecht-Straußgrases *(Agrostis stolonifera)*. In der Karte wurde die Ausbildung mit der typischen zusammengefaßt, nur bei stärkerem Vorherrschen von Großseggen als großseggenreiche Kriech-Hahnenfußgesellschaft kartiert.

Sind die Flächen dagegen etwas höher gelegen und dementsprechend schon weniger überschwemmungsgefährdet, so tritt mit einem Schlag eine größere Zahl von Wiesenpflanzen hinzu, während besonders die „nassen Begleiter" stark abklingen. Die Bezeichnung dieser Ausbildung als „Übergang von der Filzseggenwiese zur Knaulgraswiese" (Sign. 7) kennzeichnet eindeutig deren Stellung. Zum Unterschied von den bisher besprochenen Gesellschaften ist sie oft flächenhaft verbreitet (vor allem am „Tagwerk" südlich des Biberspornes am Südufer und in weiten Gebieten im Ostteil des Nordufers) und erreicht somit auch eine gewisse wirtschaftliche Bedeutung, besonders in gepflegten Beständen, in denen in erster Linie Fuchsschwanz *(Alopecurus pratensis)* ausgezeichnet gedeiht. Auf ungepflegten Wiesen treten meist Herbstzeitlose *(Colchicum autumnale)* und Wiesenknopf *(Sanguisorba officinalis)* faziesbildend hervor.

Eine Identifizierung dieser ausgeprägten Lokalassoziation mit irgendwelchen regional aufgestellten Einheiten ist nicht möglich[8]. Wohl könnte die große Zahl von Arten des Molinietum zur Einbeziehung in diese Assoziation verleiten, dies ist jedoch vom lokalen Standpunkt nicht zu vertreten, weil dadurch ein grundlegender Wesenszug der örtlichen Gesellschaftsbeziehungen verloren ginge. Bei Buchwald und Zeidler wurde die Assoziation offenbar mit der *Ranunculus repens-Alopecurus geniculatus*-Ass. zusammengezogen.

Ähnlich dem Übergang zwischen Filzseggen- und Knaulgraswiese sind auch vereinzelt auf den verschlickten Böden um Ardagger entsprechende Übergänge zwischen Kriech-Hahnenfuß- und Knaulgraswiese (Sign. 14; in der einfarbigen Karte mit Sign. 5 zusammengezogen) anzutreffen, die jedoch nur schwach ausgeprägt sind.

g) Knaulgraswiese (Sign. 8). Die Geländekuppen und höheren Flächen — etwa ab der Höhenlinie 228,5 m — im Ostteil und entlang dem Grenerarm sowie die seichteren Mulden im höheren Westteil sind das Herrschaftsgebiet der Wiesenpflanzen der *Molinieto-Arrhenatheretea*. Insbesondere das Knaulgras *(Dactylis glomerata)* und andere Gräser erreichen hier die höchsten Deckungswerte. Die Feuchtigkeitszeiger der nasseren Gesellschaften treten stark zurück, anderseits sind auch noch keine Trockenheitszeiger festzustellen — die Gesellschaft gibt also günstigsten Wasserhaushalt bei nur mehr geringer Überschwemmungsgefahr wieder. Die Bestände sind besonders in den Obstgärten im Bereich der Höfe stark mit Jauche gedüngt; dadurch ist der Ertrag im allgemeinen gut, stellenweise wirkt in den höchstens schwach sandigen Lehmböden die einseitige Stickstoff-Überdüngung jedoch bereits ungünstig (Massenwuchs grober Umbelli-

[6] *Carex tomentosa*, im Machland so eindeutig auf diese ausgesprochen feuchte Gesellschaft mit äußerst enger Amplitude beschränkt, ist in der Mittelschweiz, am Bodensee und im Alpeninneren (Ennstal) für sommertrockene Pfeifengraswiesen (*Molinietum caricetosum tomentosae* W. Koch) charakteristisch. Diese Wandlung der ökologischen Ansprüche erweist die Wichtigkeit lokaler Überprüfung vor allgemeiner Anwendung von Charakter- oder Differentialarten aus anderen Gebieten.

[7] *Viola stagnina* wurde im Machland und ebenso bei den Kartierungen im Sommer 1948 im westlich von Linz gelegenen Ottensheimer Becken als neu für Oberösterreich und das niederösterreichische obere Donautal entdeckt.

[8] Eine ähnliche Gesellschaft mit *Ophioglossum vulgatum*, *Carex tomentosa*, viel *Colchicum autumnale* und *Sanguisorba officinalis* erwähnt Baumann von „trockeneren Orten im oder neben dem *Molinietum*" am Bodensee (1911, S. 502).

feren!). Dieser starke Kultureinfluß erklärt das Zurücktreten von Düngerfliehern[9], z. B. *Molinia coerulea, Carex caryophyllea*, während anderseits düngerliebende Arten hier ihr Optimum finden, wie *Taraxacum officinale* und die gesellschaftseigenen Arten *Anthriscus silvester, Carum Carvi* und *Vicia sepium* (vgl. Abb. 1, S. 17).

Die große Zahl guter Wiesenpflanzen legt einen Anschluß an die mitteleuropäische Fettwiese *(Arrhenatheretum elatioris)* nahe, obwohl der Glatthafer *(Arrhenatherum elatius)* selbst fehlt und erst in trockeneren Beständen spärlich auftritt. Weniger gepflegte Bestände (entferntere Wiesen in der Au) tragen allerdings wesentlich weniger „*Arrhenatheretum*"-Charakter und lassen — insbesondere bei Zusammenfassung mit der trockeneren Salbeiwiese — die Einreihung in das *Molinietum coeruleae* nicht ungerechtfertigt erscheinen, wenn auch nur wenige Arten dieser Assoziation vertreten sind. So eindeutig die Stellung der Gesellschaft in der lokalen ökologischen Reihe ist, zeigen sich bei Einordnung in ein regionales System einige Schwierigkeiten: Streng genommen müßten stärker und schwächer gedüngte Bestände, die durch einfache Wirtschaftsmaßnahmen ineinander übergeführt werden können, verschiedenen Ordnungen (*Arrhenatheretalia* bzw. *Molinietalia*) zugeteilt werden — und dies wäre für wirtschaftliche Auswertung äußerst hinderlich. Buchwald und Zeidler stellen mit Ausnahme der stärkst gedüngten „*Arrhenathereten*" alle Bestände zum *Molinietum* in der Subassoziation von *Cichorium Intybus* und *Orobanche gracilis* (kalkreiche Niederung) als frische Variante. Die Bewertung als Einheit von so niederem Rang ist regional gesehen unbedingt nötig, vom lokalen Standpunkt ist jedoch — unabhängig vom systematischen Rang — die Ausscheidung gleichrangiger Abstufungen vorzuziehen.

h) Salbeiwiese (Sign. 10). Eine oft nur geringfügige Erhebung — meist angelehnt an die Höhenlinie 229,0 m — bringt eine plötzliche Änderung der Artenliste: An die Stelle mehrerer Feuchtigkeitszeiger, besonders *Ranunculus repens* und *Potentilla reptans*, treten zahlreiche Trockenrasenarten, an ihrer Spitze der Wiesensalbei *(Salvia pratensis)*, der meist durch sein massenhaftes Auftreten zur Blütezeit völlig das Bild beherrscht, so daß die Wiesen schon von Ferne dunkelblau erscheinen, und deshalb zur Namengebung verwendet wurde. Wiesenpflanzen sind noch sehr zahlreich, unter den Gräsern herrscht neben dem Knaulgras der Rotschwingel; daneben spielt auch das Pfeifengras eine gewisse Rolle. Die Wiesen sind im Ertrag noch gut, jedoch wesentlich krautreicher als die Knaulgraswiese. Bei entsprechender Pflege — besonders Düngung, die dem fast durchwegs leichten lehmigen Sandboden eine erhöhte Wasserkapazität verleiht — können die Trockenheitszeiger zurückgedrängt werden und die resultierende „Knaulgraswiese" ist im Ertrage und insbesondere in der Bodenqualität fast der natürlichen Knaulgraswiese vorzuziehen (vgl. landwirtschaftliche Auswertung, S. 26).

Die Salbeiwiese ist — allerdings unter Einschluß der Trespenwiese — klar mit der trockenen Variante des genannten *Molinietum* von Buchwald und Zeidler zu identifizieren.

i) Trespenwiese (Sign. 12). Die Vegetation der höchsten Erhebungen über 230 m ü. M. enthält, besonders auf rohem Sandboden, noch mehr Trockenrasenarten. Vor allem das dominante Auftreten der aufrechten Trespe *(Bromus erectus)*, sowie der ausdauernde Lein *(Linum perenne)* unterscheiden die Gesellschaft von der vorigen. Desgleichen steigt der Anteil der Moose wieder mächtig an (besonders *Thuidium Philiberti, Abietinella abietina* und *Camptothecium lutescens)*. Wiesenpflanzen und insbesondere Feuchtigkeitszeiger treten in dieser ausbrenngefährdeten Magerwiese deutlich zurück, dennoch zeigt sich die außerordentlich enge Verwandtschaft mit der Salbeiwiese. Das Hauptverbreitungsgebiet liegt im Westteil des Grenerhaufens auf rohem Sandboden, daneben aber auch in der „Franzenau" westlich Leitzing auf etwas schwereren Böden.

Obwohl die Trespenwiese derart auffällig von der Salbeiwiese absticht, wurde sie von Buchwald und Zeidler mit letzterer zusammengefaßt, was auch für die wirtschaftliche Auswertung entschieden nachteilig ist. Bei konsequenter Durchführung der regionalen Systematik müßten wir die Trespenwiese als „Subvariante von *Bromus erectus*" der „Subvariante von *Salvia pratensis*" innerhalb der trockenen Variante des *Molinietum* gegenüberstellen. Hier zeigt sich besonders deutlich der Vorteil der lokalen Betrachtung — denn die ökologische Differenz zwischen Großseggenstreu und Kriech-Hahnenfußgesellschaft, die zwei verschiedenen Klassen angehören, ist nicht größer als die zwischen Salbeiwiese und Trespenwiese —, zwei „Subvarianten," die also die feinsten systematischen Einheiten darstellen.

B. Die Ackerterrasse

Wie bereits in der morphologischen Einleitung erwähnt wurde, zeigt die Vegetation der Ackerterrasse weitgehende Parallelen zur Donauniederung. Die wenigen Wiesen in den Obstgärten im Südteil der Niederterrasse stimmen in ihrer Artenzusammensetzung völlig mit Knaulgras- und Salbeiwiese der Niederung überein. Insbesondere die Salbeiwiesen erreichen infolge der guten Düngung und des schwereren Bodens den bestmöglichen Zustand.

In der nördlichen Hälfte der Ackerterrasse tritt auf den schwereren silikatischen Böden in der gesamten Vegetation ein Wandel ein: Während die Differentialarten der Niederungswiesen fast durchwegs leichten, gut gekrümelten Boden mit guten Nährstoffverhältnissen anzeigen (besonders *Agropyron repens, Vicia Cracca, Silaus flavescens, Cichorium Intybus, Carex flacca* und *Orobanche gracilis*), sind auf der silikatischen Ackerterrasse zunächst Kalkmeider maßgebend: *Campanula rotundifolia, Agrostis tenuis, Carex pallescens, Hypochoeris*

[9] *Colchicum autumnale* wird nicht durch die Düngung an sich zurückgedrängt, sondern durch sonstige Pflegemaßnahmen.

radicata, Dianthus deltoides und *Hieracium umbellatum.* Daneben zeigen die Silikatböden ungünstigere Strukturverhältnisse und verschlämmen leichter, woraus sich die viel weiter in den trockenen Bereich gehende Verbreitung und das stärkere Auftreten von *Alopecurus pratensis, Lychnis Flos-cuculi, Leontodon autumnale, Holcus lanatus* und *Deschampsia caespitosa*[10] ergibt.

Das Schwergewicht des Auftretens der Differentialarten liegt sowohl in der Donauniederung, als auch auf der Ackerterrasse in den artenreicheren trockeneren Gesellschaften — die feuchten sind viel schwächer unterschieden. Im übrigen besteht sowohl in der Vegetationsabstufung, als auch in der Artenzusammensetzung der einzelnen Parallelgesellschaften selbst eine geradezu verblüffende Übereinstimmung mit jenen der Auniederung, so daß sie mit den gleichen Namen bezeichnet wurden, obwohl die namengebenden Arten selbst meist nicht die gleiche Rolle spielen.

Die Kriech-Hahnenfußgesellschaft konnte nur in einem einzigen gut entwickelten Bestand festgestellt werden (Aufn. 157); daraus erklären sich die extremen Deckungswerte und die geringe Artenzahl. Sie entspricht zweifellos der Großseggen-Subassoziation der Donauniederung.

In der Filzseggenwiese fällt das starke Auftreten von *Alopecurus pratensis* und *Trifolium hybridum* auf — sie deuten auf bessere Düngung. Als bezeichnende Arten kommen *Ranunculus auricomus* und *Agrostis canina* hinzu, während *Ophioglossum vulgatum* und *Viola stagnina* nicht beobachtet werden konnten. Der Übergang zur Knaulgraswiese (Aufn. 180) wurde nicht in die Tabelle aufgenommen.

Die Bezeichnung „Knaulgraswiese" für die frische Ausbildung der Niederterrassenwiese ist streng genommen nicht voll gerechtfertigt, da hier das Knaulgras keine so vorherrschende Rolle spielt. Der Name wurde nur zur Verdeutlichung der Parallelität gewählt.

Bei den trockeneren Gesellschaften wirkt der schwerere Boden ausgleichend, so daß zwischen Knaulgras- und „Salbeiwiese" eine Übergangsstufe (Sign. 9) mit nur wenigen Trockenrasenarten eingeschaltet ist. Diese ist die Normalausbildung auf der Ackerterrasse. Die „typische Salbeiwiese" ist wesentlich seltener, oft nur in kleinen Resten von Naturwiesen anzutreffen. Sie ist viel schwächer charakterisiert als die echte Salbeiwiese der Auniederung — auch der Wiesensalbei tritt stark zurück. Beide Gesellschaften stehen einander außerordentlich nahe und weisen im Gesamtbild — sowohl in der Aufteilung auf ökologische wie auf Ertragswertgruppen (vgl. Abb. 3, 6, 7) — fast keine Unterschiede auf. In der „typischen Salbeiwiese" sind übrigens auch mehrere Differentialarten der Niederungswiesen (besonders *Silaus flavescens, Orobanche gracilis* und *Cichorium Intybus*) vereinzelt zu finden — in ihr vollzieht sich meist der Übergang beider Zonen.

[10] *Deschampsia* wurde wegen des dominanten Auftretens in Gnadenkraut- und Filzseggenwiese der Auenniederung nicht zu den Differentialarten gestellt.

Eine Parallelgesellschaft zur Trespenwiese konnte auf der Ackerterrasse nicht festgestellt werden, wohl aber in einer alten Naarnschlinge bei Kühhofen (Aufn. 142 und 174) eine besonders extreme Ausbildung der silikatischen „Salbeiwiese" (Sign. 11), die deutlich magerer ist als die übrigen (weniger Wiesenpflanzen, mehr Trockenrasen- und *Molinietalia*-Arten).

Buchwald und Zeidler stellen die angeführten Gesellschaften ab „Knaulgraswiese"[11] als *Molinietum,* Subassoziation von *Dianthus superbus* der Subassoziation von *Cichorium Intybus* und *Orobanche gracilis* der kalkreichen Donauniederung gegenüber.

C. Parallelen zur Vegetation des Ottensheimer Beckens

Im Sommer 1948 hatte ich Gelegenheit, im Rahmen der Bodenschätzung die Wiesengesellschaften im Ottensheimer Becken westlich Linz (Gemeinde Feldkirchen a. d. Donau) mit ganz ähnlichen Umweltbedingungen zu untersuchen. Die Kartierung dieses Gebietes erfolgte dann, auf diesen Grundlagen aufbauend, größtenteils durch Dr. G. Stockhammer (Linz). Es zeigte sich dabei — sofern nicht Druckwasseraufbrüche am Abfall des Mühlviertels gegen die Niederung das Bild beeinflußten — weitgehende Übereinstimmung mit dem Machland sowohl in bezug auf die auftretenden Vegetationseinheiten, als auch auf deren Artenzusammensetzung im einzelnen. Es würde den Rahmen dieser Arbeit weit überschreiten, wollten wir hier die Verhältnisse dieses Gebietes eingehend betrachten. Dennoch sollen die markantesten Erscheinungen und vor allem Unterschiede gegenüber dem Machland kurz erwähnt werden. Der Großbau der Landschaft zeigt weitestgehende Parallelen: Eine Niederung von typischem jungem Schwemmland zwischen zwei Durchbruchsstrecken der Donau (Passauer Wald oberhalb Aschach und Kürnberger Wald zwischen Ottensheim und Linz). Der stromab anschließende Durchbruch ist allerdings wesentlich kürzer und weniger eng als der an das Machland anschließende Strudengau. Damit und mit der Lage an einem Gleithang mag auch die geringere Überschwemmungsgefahr und damit auch geringere Gliederung und weitergehende Kultivierbarkeit als wichtigster Unterschied gegen das Machland zusammenhängen. Der größte Teil der Landschaft entspricht morphologisch der Ackerterrasse des Machlandes, allerdings deren kalkreichem Teil. Der Übergang zur „Auenniederung" erfolgt dort jedoch allmählich, nicht in Form einer Steilstufe. Der Kalkreichtum des meist sandigen Bodens ist um so auffälliger, als stromaufwärts der rund 70 km lange Durchbruch durch das Granitmassiv des Passauer Waldes anschließt und erst oberhalb die kalkführenden Nebenflüsse Inn, Isar usw. einmünden, während unmittelbar vor dem Machland Enns und Traun kalkreiches Ma-

[11] Die feuchteren werden wieder der *Ranunculus-Alopecurus*-Ass. zugeteilt.

terial einbringen. Eine große Bedeutung als Kalklieferant kommt im Ottensheimer Becken der Lößdecke auf den Granithügeln zu — der tief eingeschnittene Pesenbach, der durchwegs im silikatischen Untergrund fließt, ist von einer weit in die Niederung vorgeschobenen Zone silikatischer Gesellschaften, entsprechend der Ackerterrasse des Machlandes, begleitet.

Infolge der größeren Trockenheit ist — soweit der Boden nicht umgebrochen ist — die Trespenwiese die vorherrschende Gesellschaft. Die geringere Überschwemmungsgefahr bewirkt eine wesentlich größere Pflege der Wiesen als im Machland, was wieder wertvolle Rückschlüsse auf die Verbesserungsfähigkeit der dortigen Wiesen erlaubt (s. praktische Auswertung). Die Knaulgraswiese tritt stark zurück und in den Gräben fällt das fast völlige Fehlen der typischen Filzseggenwiese auf, die meist durch ihre beiden nährstoffreicheren Varianten vertreten ist und daher wesentlich schwächer gegenüber der Kriech-Hahnenfußgesellschaft abgesetzt erscheint. Die entsprechenden Flächen tragen meist ausgezeichnete Fuchsschwanzwiesen und zeigen somit auch deren Verbesserungsfähigkeit an. Die nassen Gesellschaften sind im untersuchten Raum auf wenige Graben- und Muldenzonen beschränkt, wobei besonders die Randsenke im Anschluß an die Käferwiesen ostwärts Freudenstein eine besonders reichhaltige Gliederung aufweist. Dort ist allerdings bereits eine Verknüpfung mit dem Einfluß der randlichen Druckwasseraufbrüche festzustellen. Im übrigen besteht — wie schon betont — weitestgehende Übereinstimmung.

2. Das Druckwassergebiet bei Leitzing

Die bereits einleitend erwähnten Druckwasseraufbrüche südlich Leitzing bedecken zwar nur eine verhältnismäßig kleine Fläche, dürfen jedoch infolge ihrer besonderen Eigenart nicht unerwähnt bleiben, ja müssen sogar als eigenes Landschaftselement ausgeschieden werden. Ihre beschränkte Ausdehnung und fast durchwegs nur fragmentarische Ausbildung erschwerte jedoch ihre wissenschaftliche Erforschung, so daß weitgehend zu Analogieschlüssen gegriffen werden mußte, obwohl gerade diese Methode soweit als möglich vermieden wurde.

Der wesentliche Unterschied gegenüber der Donauniederung liegt im Stau des Druckwassers vom Berg und die dadurch bedingte Anmoorbildung, die zur Einstellung eigener Pflanzengesellschaften führt:

a) Gehängeanmoor *(„Caricetum Davallianae“)* (Sign. 15). Unmittelbar an den Druckwasseraufbrüchen, die meist nur wenige Quadratmeter groß sind, stellen sich zahlreiche Kleinseggen, besonders *Carex Davalliana, panicea, fusca* u. a. ein, neben denen vor allem *Valeriana dioica, Galium uliginosum* sowie der große Moosreichtum auffällt.

Die fragmentarischen Bestände sind zweifellos zum *Caricion Davallianae* zu stellen und zeigen stets Anmoorbildung auf staunassem Boden an.

b) Anmoorige Pfeifengraswiese *(Molinietum caricetosum Hostianae)* (Sign. 16). Die Druckwasseraufbrüche werden fast überall von einer kleinseggenreichen Pfeifengraswiese auf schwach anmoorigem Boden umgeben, die bereits wesentlich mehr Wiesencharakter trägt und meist mit der *Carex Hostiana*-Subassoziation des *Molinietum* W. Kochs identifiziert wird. Im Leitzinger Gebiet ist sie auch nur schwach angedeutet.

c) Kohldistelwiese (*Cirsium oleraceum-Angelica silvestris*-Ass.) (Sign. 17). Am besten ist noch die Kohldistelwiese entwickelt, welche sich immer auf Vernässungen mit mineralischem Boden einstellt (höchstens schwach stauende Nässe) und neben vielen anderen Arten der *Molinietalia* vor allem durch grobe Stauden, wie *Cirsium oleraceum, Angelica silvestris, Scirpus silvaticus,* ausgezeichnet ist. Die Wiesenpflanzen spielen daneben auch eine gewisse Rolle. Die Ausbildungen von Leitzing sind noch recht naß und zeigen mit ihrem Moosreichtum (besonders *Climacium dendroides* und *Aulacomnium palustre*) sowie mehreren Kleinseggen *(Eriophorum angustifolium, Carex panicea)* deutlich die Verwandtschaft mit den Anmooren.

3. Wälder

Entsprechend der praktischen Fragestellung wurde das Hauptgewicht bei den Untersuchungen auf die Grünlandgesellschaften gelegt, dennoch müssen wir auch auf die Wälder des Gebietes einen kurzen Blick werfen.

a) Weiden-Pioniergebüsch am Ufer (Signatur 18). Im unmittelbaren Überflutungsbereich des Ufers treten als erste Besiedler nach der Schlammvegetation — oft mit dieser alternierend — Korbweide *(Salix viminalis)* und Purpurweide *(S. purpurea)* auf, zwischen denen sich später auch Silber- *(S. alba)* und Bruchweiden *(S. fragilis)* als Vorposten der weiteren Vegetationsentwicklung einstellen.

b) Pappel-Weidenau *(Saliceto-Populetum)* (Sign. 19). Die Weichholzau, der natürliche Wald der tieferen regelmäßig überschwemmten Uferpartien (ungefähr bis zur Stufe Filzseggen-Übergang) setzt sich in der Baumschicht vorwiegend aus Silberweide *(Salix alba)* und Pappeln (*Populus alba* und *nigra*) zusammen, zwischen denen — häufig durch Pflanzung — Grauerlen *(Alnus incana)* eingestreut sind. Im Unterwuchs dominieren blaufrüchtige Brombeere *(Rubus caesius)* und besonders bei regelmäßiger Mahd (in älteren Beständen, z. B. am Grenerarm) oft in Reinbeständen das Rohrglanzgras *(Typhoides arundinacea)*. Sie ist am Südufer vor allem im tief gelegenen Raum um den Grenerarm und am Bibersporn erhalten und deckt am Nordufer weite Teile im Anschluß an die Entenlacke. Die Artenzusammensetzung, in welcher im übrigen besonders schwarzer Holunder *(Sambucus nigra)* und Brennessel *(Urtica dioica)* als typische Nitratpflanzen, sowie zahlreiche Feuchtigkeitszeiger auffallen, ist in Tab. 2 jener der Erlen-Eschenau gegenübergestellt.

c) Weiden im Großseggensumpf (Sign. 20). In Großseggen-Streuwiesen, besonders in der Umgebung der Entenlacke am Nordufer, wurden vielfach Weiden angepflanzt *(Salix alba, S. fragilis)*,

Tabelle 2. Die wichtigsten Arten von Pappel-Weidenau (PW) und Erlen-Eschenau (EE) (Deckungswert)

Zahl der Aufnahmen	PW 3	EE 6
Baumschicht:		
Salix alba	$\mathbf{6250}^3$	$\mathbf{1250}^2$
Salix fragilis	7^2	—
Populus nigra	170^3	543^4
Ulmus effusa	7^2	125^3
Alnus incana	$\mathbf{1257}^3$	$\mathbf{4250}^6$
Fraxinus excelsior	3^1	$\mathbf{8335}^5$
Quercus Robur	—	48^5
Strauchschicht:		
Sambucus nigra	$\mathbf{2583}^2$	295^4
Viburnum Opulus	583^2	48^5
Evonymus europaea	90^3	47^4
Humulus Lupulus	3^1	545^5
Cornus sanguinea	500^1	$\mathbf{1130}^6$
Prunus Padus	83^1	$\mathbf{1202}^6$
Lonicera Xylosteum	—	252^2
Clematis Vitalba	—	43^2
Krautschicht:		
Calystegia sepium	507^3	3^2
Senecio paludosus	7^2	—
Caltha palustris	7^2	—
Ranunculus repens	7^2	—
Myosotis palustris	7^2	—
Mentha aquatica	83^1	—
Solanum Dulcamara	$\mathbf{1250}^1$	—
Ranunculus aconitifolius	3^1	2^1
Carduus personata	7^2	90^6
Aconitum variegatum	—	503^4
Agropyron caninum	—	293^3
Impatiens noli-tangere	—	43^2
Carex remota	—	42^1
Stellaria nemorum	—	3^2
Thalictrum aquilegifolium	—	2^1
Rubus caesius	$\mathbf{4583}^3$	$\mathbf{1833}^6$
Ranunculus Ficaria	$\mathbf{1753}^3$	$\mathbf{1048}^6$
Festuca gigantea	667^3	210^6

Zahl der Aufnahmen	PW 3	EE 6
Poa nemoralis	667^3	87^4
Impatiens parviflora	667^3	960^5
Aegopodium Podagraria	507^3	$\mathbf{5458}^6$
Brachypodium silvaticum	583^2	$\mathbf{1878}^3$
Rumex sanguineus	83^1	45^3
Scrophularia nodosa	237^2	8^3
Geum urbanum	83^1	5^5
Stachys silvatica	—	918^4
Lamium Galeobdolon	—	543^4
Circaea Lutetiana	—	208^5
Carex silvatica	—	127^4
Paris quadrifolia	—	85^3
Alliaria officinalis	—	250^1
Typhoides arundinacea	$\mathbf{1833}^3$	$\mathbf{1585}^5$
Urtica dioica	$\mathbf{2587}^3$	88^5
Angelica silvestris	$\mathbf{1083}^3$	90^6
Lysimachia Nummularia	667^3	127^5
Cirsium oleraceum	170^3	250^6
Deschampsia caespitosa	10^3	$\mathbf{1083}^6$
Valeriana officinalis	87^2	7^4
Filipendula Ulmaria	7^2	45^3
Chaerophyllum Cicutaria	7^2	48^5
Galium Aparine	667^3	505^5
Symphytum officinale	87^2	47^4
Ajuga reptans	87^2	43^2
Primula elatior	83^1	8^5
Equisetum arvense	10^3	85^3
Glechoma hederacea	—	667^6
Galeopsis speciosa	—	45^3
Melandryum rubrum	—	87^4
Moose:		
Fissidens taxifolius	167^2	835^6
Brachythecium salebrosum	$\mathbf{1253}^2$	$\mathbf{1583}^5$
Mnium cuspidatum	587^3	85^3
Eurhynchium strigosum	$\mathbf{1250}^1$	752^4

zum Teil handelt es sich um natürlichen Anflug. Ältere Bäume sind meist als Kopfweiden geschnitten. Im übrigen unterscheidet sich die Vegetation in keiner Weise von der normalen Großseggenstreu.

d) Schwachversumpfte Weidenau (Sign. 21). Ebenfalls besonders in der Umgebung der Entenlacke zeigen zahlreiche Weidenauen Massenunterwuchs von Kriech-Hahnenfuß mit vereinzelten Großseggen (entsprechend der großseggenreichen Kriech-Hahnenfußgesellschaft [4]).

e) Erlen-Eschenau *(Alnetum incanae)* (Sign. 23). Die Hartholzau, in der bereits die Stieleiche *(Quercus Robur)* gedeiht, ist nur auf den trockeneren, seltener überschwemmten Böden der höheren Teile (über 220 m über dem Meer; etwa ab Salbeiwiese) gut ausgebildet, daher besonders im Ostteil des Südufers fast völlig durch Wiesen und Äcker ersetzt. Am Nordufer und vor allem im ausgedehnten Komplex des Wallseer Herrschaftswaldes sind allerdings noch ausgedehnte Bestände dieser artenreichen, auch mit einer gut entwickelten Strauchschicht ausgestatteten Wälder erhalten. Gegenüber der Weichholzau unterscheiden sie sich in erster Linie durch eine wesentlich größere Zahl von Laubwaldpflanzen (Klassen-Charakterarten der *Querceto-Fagetea*), wogegen die Nässezeiger der Pappel-Weidenau fehlen oder zumindest stark zurücktreten. Wie bereits in der kurzen Erläuterung von Buchwald und Zeidler angedeutet ist, stehen Pappel-Weidenau und Erlen-Eschenau in so naher Beziehung zueinander, daß vielfach auch die Charakterarten, die regional aufgestellt wurden, lokal nicht entsprechend scharf hervortreten. Dennoch wurden in obiger Zusammenstellung die Arten der Krautschicht nach Assoziations-Charakterarten (einschließlich Differentialarten der Pappel-Weidenau), Ordnungs- und Klassen-Charakterarten der *Fagetalia* bzw. *Querceto-Fagetea* und schließlich Begleiter angeordnet, wobei die meisten nur selten und spärlich auftretenden Arten weggelassen wurden.

f) Lichte Erlen-Eschenau mit Wiesenunterwuchs (Sign. 24). In alte, schon stark ausgelichtete Bestände, deren Unterwuchs regelmäßig gemäht wird, dringen oft zahlreiche Arten der Knaulgraswiese ein. Diese Einheit wurde ebenso wie die analoge Weidenau mit Filzseggenunterwuchs (Sign. 22) in der Signaturenkarte mit den entsprechenden Wäldern (Sign. 19 bzw. 23) zusammengezogen.

g) Eichen-Hainbuchenwald *(Querceto-Carpinetum)* (Sign. 25). Auf der Ackerterrasse sind noch vereinzelte kleine Waldreste erhalten, die entsprechend der größeren Erhebung über den Grundwasserstand bereits dem Eichen-Hainbuchenwald angehören. Die Bestände zeigen unter einer Baumschicht von ***Quercus Robur, Carpinus Betulus, Tilia cordata*** u. a. meist eine charakteristische Mischung von allgemein verbreiteten Laubwaldpflanzen (***Stellaria holostea, Asperula odorata, Carex silvatica, Brachypodium silvaticum, Polygonatum multiflorum*** u. a.) mit Zeigern für sauren Boden ***(Luzula albida, Veronica officinalis, Majanthemum bifolium, Hieracium umbellatum)*** und Feuchtigkeitszeigern ***(Deschampsia caespitosa, Festuca gigantea, Luzula maxima)***, die ähnlich wie die Wiesengesellschaften des gleichen Raumes die besonderen Verhältnisse der kalkarmen, schweren Böden der Niederterrasse wiedergeben (vgl. auch S. 13).

In der Karte wurden mit der gleichen Signatur auch die Wälder am Abfall des Tertiärhügellandes bezeichnet, die das Kartierungsgebiet im Süden begrenzen, jedoch nicht mehr untersucht wurden.

4. Die Äcker (Sign. 26, 27)

Die höheren Teile der Donauniederung — besonders südlich des Grenerarmes — tragen zahlreiche Äcker, zwischen denen das Dauergrünland meist auf die tieferen Gräben beschränkt ist. Im unmittelbaren Uferstreifen allerdings herrschen auch auf den ackerfähigen Böden (ab Salbeiwiesenstufe) die Wiesen weitaus vor. Eine Unterscheidung in Halm- und Hackfruchtäcker wurde wegen des alljährlichen Wechsels in der Karte nicht vorgenommen. Überdies wurden nur die Halmfruchtäcker genauer untersucht, deren Unkrautvegetation — ebenso wie die der Hackfruchtäcker — keine so feinen Abstufungen in bezug auf den Wasserhaushalt erlaubt wie die Wiesenvegetation. Nur einige besonders tief gelegene Äcker (Filzseggenstufe und tiefer!), deren Aufrechterhaltung schon wegen der großen Überschwemmungsgefahr riskant erscheint, enthalten zahlreiche Feuchtigkeitszeiger. Wohl aber zeigen sich ausgeprägte Unterschiede zwischen den Äckern des kalkreichen Bodens der Donauniederung (a, b; erstere mit mehr anspruchsvollen Arten vornehmlich im kalkreichen Südteil der Ackerterrasse) und jenen der silikatischen Ackerterrasse (c) (s. Tab. 3).

Diese Gegenüberstellung läßt die Umweltbedingungen klar erkennen: Donauniederung und Südteil der Ackerterrasse — leichte kalkreiche Böden mit ausgezeichneten Nährstoffbedingungen (Lößackerpflanzen!); Nordteil der Ackerterrasse dagegen kalkarmer (*Scleranthus* u. a.), dichter, ver-

Tabelle 3. Die Äcker des Machlandes

	Kalkreich		Silikatische Ackerterrasse
Anzahl der Aufnahmen	a 11	b 12	c 7
Rhinanthus angustifolius	323^{V}	126^{I}	—
Valeriana rimosa	139^{V}	23^{II}	1^{I}
Sherardia arvensis	140^{V}	3^{II}	—
Euphorbia exigua	140^{V}	1^{I}	—
Odontites rubra	230^{IV}	127^{II}	—
Lathyrus tuberosus	50^{IV}	1^{I}	—
Kickxia spuria	206^{III}	21^{I}	—
Melampyrum arvense	48^{III}	1^{I}	—
Galium tricorne	26^{III}	—	—
Arenaria serpyllifolia	773^{V}	546^{V}	1^{I}
Papaver Rhoeas	254^{V}	753^{V}	1^{I}
Mentha arvensis	253^{V}	503^{V}	1^{I}
Sinapis arvensis	206^{V}	296^{IV}	1^{I}
Chaenorrhinum minus	164^{IV}	192^{IV}	—
Campanula rapunculoides	75^{V}	26^{III}	—
Veronica polita	94^{IV}	86^{III}	—
Polygonum tomentosum	47^{II}	68^{IV}	—
Lithospermum arvense	26^{III}	5^{III}	1^{I}
Camelina microcarpa	140^{III}	23^{II}	—
Apera spica-venti	25^{II}	275^{IV}	786^{V}
Alchemilla arvensis	182^{II}	128^{II}	503^{V}
Anthemis arvensis	1^{I}	2^{II}	326^{V}
Polygonum hydropiper	2^{I}	21^{I}	717^{V}
Centaurea cyanus	23^{I}	2^{II}	40^{III}
Scleranthus annuus	—	—	2089^{V}
Rumex Acetosella	—	—	543^{V}
Spergula arvensis	—	—	41^{IV}
Gnaphalium uliginosum	—	—	41^{IV}
Sedum maximum	—	—	40^{III}
Sagina procumbens	—	—	39^{III}
Holcus mollis	—	—	39^{III}
Arabidopsis Thaliana	—	—	39^{III}
Galium spurium	276^{V}	1048^{V}	76^{V}
Polygonum aviculare	569^{V}	398^{V}	964^{V}
Convolvulus arvensis	887^{V}	877^{V}	290^{V}
Chenopodium album	233^{V}	627^{V}	111^{V}
Myosotis arvensis	482^{V}	458^{V}	360^{V}
Polygonum Convolvulus	775^{V}	378^{V}	43^{V}
Viola arvensis	319^{V}	129^{V}	146^{V}
Cirsium arvense	163^{V}	170^{V}	77^{V}
Chenopodium polyspermum	50^{IV}	233^{V}	250^{V}
Plantago intermedia	253^{V}	192^{IV}	146^{V}
Stellaria media	115^{IV}	168^{V}	254^{IV}
Sonchus arvensis	683^{V}	646^{V}	74^{III}
Sonchus oleraceus	210^{V}	129^{V}	73^{III}
Anagallis arvensis	412^{V}	272^{V}	40^{III}
Capsella Bursa-pastoris	93^{III}	108^{IV}	220^{III}
Veronica persica	387^{IV}	85^{III}	40^{III}
Vicia angustifolia	8^{V}	45^{III}	6^{III}
Veronica arvensis	25^{II}	25^{III}	144^{IV}
Raphanus Raphanistrum	25^{II}	5^{III}	41^{IV}
Setaria viridis	274^{II}	63^{II}	289^{IV}
Ranunculus repens	276^{V}	254^{V}	113^{V}
Agropyron repens	577^{V}	375^{V}	289^{IV}
Equisetum arvense	140^{V}	213^{V}	74^{III}
Taraxacum officinale	53^{V}	46^{III}	43^{V}
Stachys paluster	365^{IV}	88^{V}	40^{III}
Achillea Millefolium	30^{V}	7^{IV}	7^{IV}
Vicia tenuissima	47^{II}	67^{IV}	41^{IV}
Agrostis gigantea	50^{IV}	66^{III}	39^{III}
Cerastium caespitosum	28^{IV}	3^{II}	41^{IV}
Lapsana communis	2^{I}	25^{III}	256^{V}

schlämmender Boden (*Polygonum hydropiper, Gnaphalium uliginosum*) mit ungünstigen Nährstoff- und Strukturverhältnissen; — also das gleiche Bild wie bei den Wiesengesellschaften. Systematisch steht Gruppe a der *Caucalis daucoides-Scandix Pecten-veneris*-Ass. bzw. *Stachys annua-Ajuga Chamaepitys*-Ass. sehr nahe, während die bodensauren Bestände c am ehesten der *Scleranthus annuus*-Subass. der *Alchemilla arvensis-Myosotis arvensis*-Ass. anzugliedern wäre.

III. Die wechselseitigen Beziehungen der untersuchten Grünlandgesellschaften

Wie bereits im vorigen Abschnitt wiederholt dargelegt wurde, stellen die Wiesengesellschaften des Untersuchungsgebietes im wesentlichen eine einfache ökologische Reihe bzw. zwei Parallelreihen (auf kalkreichem und kalkarmem Boden[12]) dar. Darin liegt auch bereits das Wesen ihrer wechselseitigen Beziehungen. Wurden jedoch oben die trennenden Momente — die Charakteristik der einzelnen Einheiten — in den Vordergrund gestellt, so wollen wir sie nun in ihren Zusammenhängen als Glieder einer gleitenden Reihe betrachten. Gerade diese Betrachtungsweise ist ja geeignet, der pflanzensoziologischen Systematik in gewisser Hinsicht neue Wege zu weisen. Daneben wird uns in diesem Abschnitt auch die räumliche Verteilung der Pflanzengesellschaften und deren Ursache beschäftigen müssen.

1. Die Wiesengesellschaften als ökologische Reihe

Schon in der Übersichtstabelle (Tab. 1), in welcher praktisch alle Wiesengesellschaften vereinigt sind, zeigt sich deutlich trotz der ausgeprägten Eigenheit jeder ausgeschiedenen Einheit der allmähliche Wandel eines Großteiles der Artenliste. Um diese Verhältnisse noch deutlicher zu veranschaulichen und zugleich die große Bedeutung des Deckungswertes[13] für eine schärfere Kennzeichnung der Rolle einzelner Arten in bestimmten Gesellschaften zu verweisen, wurden in Abb. 1 die Deckungswertzahlen einiger besonders bezeichnender Arten der Auniederungswiesen graphisch dargestellt (Deckungswert 4000 = = Zeilenabstand)[14]: Neben den ausgesprochenen Spezialisten mit enger Amplitude („Charakterarten") zeigen auch die Arten mit weiter Amplitude deutlich ausgeprägte Optima, zugleich aber spiegeln gerade sie die schrittweisen Änderungen der Umwelt und daher auch der Artenliste wieder. Man beachte nur z. B. die deutliche Verschiebung der Optima zwischen den nach dem Auftreten an sich fast gleich zu wertenden Arten *Potentilla reptans* und *Prunella vulgaris*! Trotz ihrer weiten Amplituden verkörpern beide sehr charakteristische ökologische Typen, dürfen also nicht bloß als „Begleiter" mehr oder weniger vernachlässigt werden. Zugleich zeigt die Abbildung neben weiteren Feinheiten das deutliche Zurücktreten der Düngermeider und sonstigen „Naturwiesen-Arten" wie *Molinia coerulea, Carex caryophyllea, Colchicum autumnale* in der bestgepflegten Knaul-

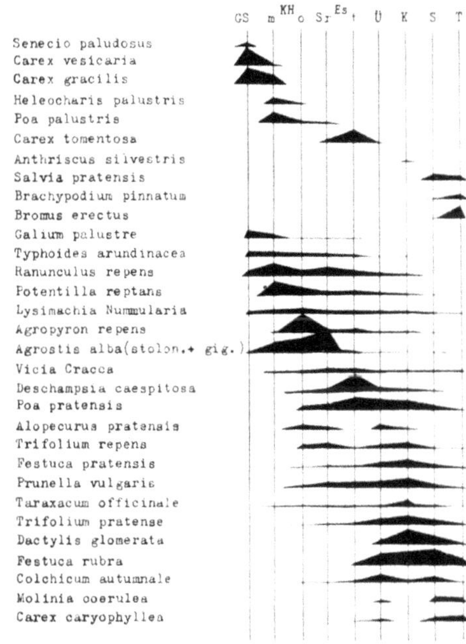

Abb. 1. Die Amplituden der wichtigsten Arten in den Wiesen der Auniederung, dargestellt durch ihren Deckungswert.

graswiese und umgekehrt das Ausbleiben hochwertiger, anspruchsvoller Arten wie *Alopecurus pratensis, Trifolium repens* in der mageren typischen Filzseggenwiese (vgl. auch S. 12).

Nicht nur die einzelnen Arten spiegeln die gleitenden Übergänge wieder. Die Zusammenfassung der Arten zu Gruppen ökologisch-systematischer Wertigkeit läßt noch viel deutlicher diese Tendenzen erkennen und vermittelt zugleich ein klares Bild von den ökologischen Hauptbedingungen der einzelnen Einheiten. In Abb. 2 ist der Prozentanteil jeder Gruppe in den einzelnen Gesellschaften dargestellt: Die jeweils eingipfeligen Kurven lösen einander gesetzmäßig ab. Die Großseggenstreu wird bei weitem von den spezifischen *Magnocaricion*-Arten beherrscht; daneben treten nur Nässezeiger auf. Diese erreichen in der großseggenreichen Kriech-Hahnenfußgesellschaft fast 80%, die *Magnocaricion*-Arten sind bereits im Verschwinden (im weiteren Verlauf fehlen sie). In der trockeneren Ausbildung

[12] Auf der kalkarmen Ackerterrasse tritt das Grünland allerdings stark zurück. Da überdies dieser Raum durch den geplanten Rückstau nicht unmittelbar bedroht erscheint, wurde der Schwerpunkt der folgenden Betrachtungen wie überhaupt in der gesamten Arbeit auf die Auniederung verlegt und die Gesellschaften der Ackerterrasse nur gelegentlich vergleichsweise herangezogen.

[13] Auch allen weiteren Anteilberechnungen wurde der Deckungswert als Ausdruck des wahren Wertes der Arten in den Gesellschaften zugrunde gelegt.

[14] Dabei wurde in dieser und den folgenden Graphiken die Gnadenkrautwiese mit ihrer geringen Verbreitung und problematischen Stellung weggelassen.

ohne Großseggen kommen bereits die ersten Wiesenpflanzen auf, wenn sie auch noch keine Rolle spielen; die Nässezeiger nehmen ab und die dominierende Quecke *(Agropyron repens)* verhilft den sonst fast konstanten Begleitern (5 bis 10%) zu einer außergewöhnlichen Spitze von 30%. In der Filzseggenwiese erreichen die *Molinietalia*-Arten (feuchte und wechselfeuchte „Naturwiesen") ein Maximum und die stark zunehmenden Wiesenpflanzen stehen an zweiter Stelle. Die Knaulgraswiese setzt sich fast Knaulgraswiese). Die Kurve der Rasenpflanzen (H. caesp. rept.)[15] dagegen zeigt bei deutlicher Zunahme mit Abnahme der Nässe ungefähr das entgegengesetzte Bild (besonders schön auf der Ackerterrasse). Das nächste gegengleiche Lebensformenpaar, das noch deutlicher auf Feuchtigkeit anspricht, sind Kriechstauden (H. rept.) und Rosettenpflanzen (H. ros.), von denen erstere auf den nassen Schlammböden dominieren, während letztere deutlich mit der Trockenheit zunehmen. Die Schaft-

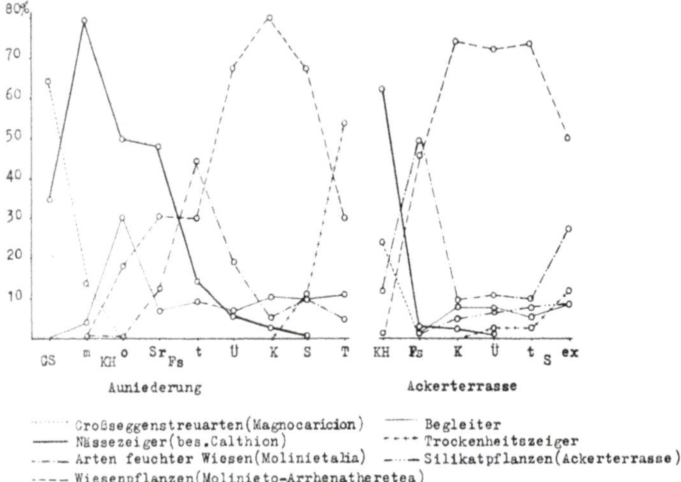

Abb. 2. Aufgliederung der Artenlisten auf ökologische Gruppen.

ausschließlich aus Wiesenpflanzen zusammen, die in der Trespenwiese schließlich wieder ganz zurücktreten, während die Trockenrasenarten deutlich vorherrschen. Die dazwischen liegenden Einheiten sind klar als Übergänge zu erkennen. Auf der Ackerterrasse liegen die Verhältnisse ganz ähnlich. Besonders auffällig ist hier die neuerliche Zunahme der *Molinietalia*-Arten in der „extremen Salbeiwiese", die jedoch wesentlich weniger Trockenrasenarten enthält als die Trespenwiese. — Auch in der Salbeiwiese der Auniederung ist übrigens ein schwaches neuerliches Ansteigen der *Molinietalia*-Arten zu beobachten („Naturwiese"!). Die mit zunehmender Trockenheit wachsenden Silikatpflanzen spielen keine Rolle.

In ähnlicher Weise erlaubt auch das Lebensformenspektrum jeder Einheit weitgehende Schlüsse auf deren Ökologie zu ziehen. Dabei wurde entsprechend der im Vordergrund stehenden Fragestellung mehr Wert auf eine Darstellung des wechselnden Anteiles der einzelnen Lebensformen im Laufe der ökologischen Reihe gelegt (Abb. 3). Die Horstpflanzen (H. caesp.)[15] zeigen dabei stets Maxima in den mageren, kulturell wenig beeinflußten Gesellschaften (Großseggenstreu, typ. Filzseggenwiese und Trespenwiese) und verschwinden fast völlig in den nährstoff- (besonders stickstoff-) reichen Wiesen (Kriech-Hahnenfußgesellschaft und pflanzen (H. scap.), die ja für alle Wiesen gleich charakteristisch sind und keine besonders ausgeprägte Kurve besitzen, wurden nur der Vollständigkeit halber mit angeführt. Rhizompflanzen (G. rh.) spielen besonders in den feuchteren Gesellschaften der Auenniederung eine gewisse Rolle. Zwiebelpflanzen (G. b.) dagegen treten erst im trockeneren Teil auf. Sehr auffällig ist das fast völlige Fehlen der ganzen Gruppe der Geophyten auf der silikatischen Ackerterrasse. Eine Erklärung ließe sich hier vielleicht in den schwereren dichten Böden finden, die diesen Pflanzen wesentlich größere Schwierigkeiten des Durchdringens bereiten als die lockeren Sandböden der Au. Einjährige (T.) und Zwergsträucher (Ch.) spielen — überhaupt nur im trockeneren Teil auftretend — keine Rolle.

Aus all den angeführten Tatsachen geht immer wieder der enge innere Zusammenhang und allmähliche Übergang zwischen den Gesellschaften hervor.

---

[15] Bisher wurden Horst- und Rasenpflanzen nicht getrennt. Letztere wurden dabei teils den Horstpflanzen, teils den Rhizom-Geophyten zugeordnet. In Anbetracht der großen praktischen Bedeutung, welche die Rasenpflanzen als geschlossene Gruppe — in bewußter Gegenüberstellung sowohl zu Horstpflanzen als auch zu Rhizompflanzen (z. B. Quecke!) — für die praktische Grünlandforschung besitzen, wollen wir sie als eigene Lebensform ausscheiden.

2. Allgemeine Verteilung der Pflanzengesellschaften

Bereits ein flüchtiger Blick auf die Vegetationskarte läßt die außerordentlich enge Übereinstimmung der Vegetationsgrenzen mit der Reliefgestaltung erkennen. In den Gräben, trockenfallenden Altwasserläufen und sonstigen Geländevertiefungen finden sich je nach ihrer Tiefe die verschiedenen feuchten Gesellschaften, während die trockenen auf die höheren Erhebungen beschränkt bleiben. Der Umschlag von einer Gesellschaft in eine andere erfolgt dabei zumindest bei Betrachtung kleinerer Räume fast durchwegs horizontal, parallel den Höhenlinien. Abb. 4 zeigt dies deutlich am Beispiel eines Profils durch Bockreit—Hubergraben—Neuschied am Südufer. Jede Einheit besitzt ihre fest abgegrenzte Höhenstufe; Ausnahmen treten nur dort ein, wo in leichten Mulden in an sich höherem Gelände durch lokale Wirkung (Wasser bleibt etwas länger stehen!) die nächsttiefere Vegetationsstufe auftritt (z. B. Knaulgraswiese auf Bockreit) und umgekehrt. Die Reaktion der Vegetation selbst auf geringste Unebenheiten ist erstaunlich fein, sofern diese über die Höhenlinie eines Umschlagspunktes übergreifen. So konnte ich wiederholt besonders auf kleinen Hügeln in der Knaulgraswiese, die aus der Umgebung nur um etwa 10 bis 20 cm emporragten, eine typische Salbeiwiese feststellen. Die enge Beschränkung auf bestimmte Höhenstufen zeigt sich jedoch auch bei Betrachtung des gesamten Raumes. Dipl.-Ing. Schimetta (Landwirtschaftskammer Oberösterreich) hat im Zuge der Ausarbeitung des auf der Kartierung aufbauenden landwirtschaftlichen Gutachtens in mühevoller Kleinarbeit den Anteil jeder Gesellschaft in den Höhenstufen von je 0,5 m am Nordufer berechnet, welches Zahlenmaterial in den Tab. 4 und 5 verwertet ist[16]. Tab. 4 gibt die Aufteilung der Gesellschaften auf die einzelnen Höhenschichten wieder. Jede Gesellschaft zeigt das typische Bild einer variationsstatistischen Kurve mit einem deutlich ausgeprägten Maximum, das entsprechend der zunehmenden Trockenheit ansteigt. In analoger Weise zeigt Tab. 5 in der Verteilung der Flächen der Höhenstufen auf die einzelnen Gesellschaften mit zunehmender Höhe Vorherrschen der trockeneren Gesellschaften. Um die Verhältnisse klarer zu gestalten, wurde dabei der Prozentanteil der Grünlandgesellschaften in jeder Stufe von der Grünlandfläche (nicht von der Gesamtfläche!) berechnet (Wald ebenso). Die beiden Ausbildungen der Kriech-Hahnenfußgesellschaft wurden zusammengezogen, ebenso bei den Wäldern die

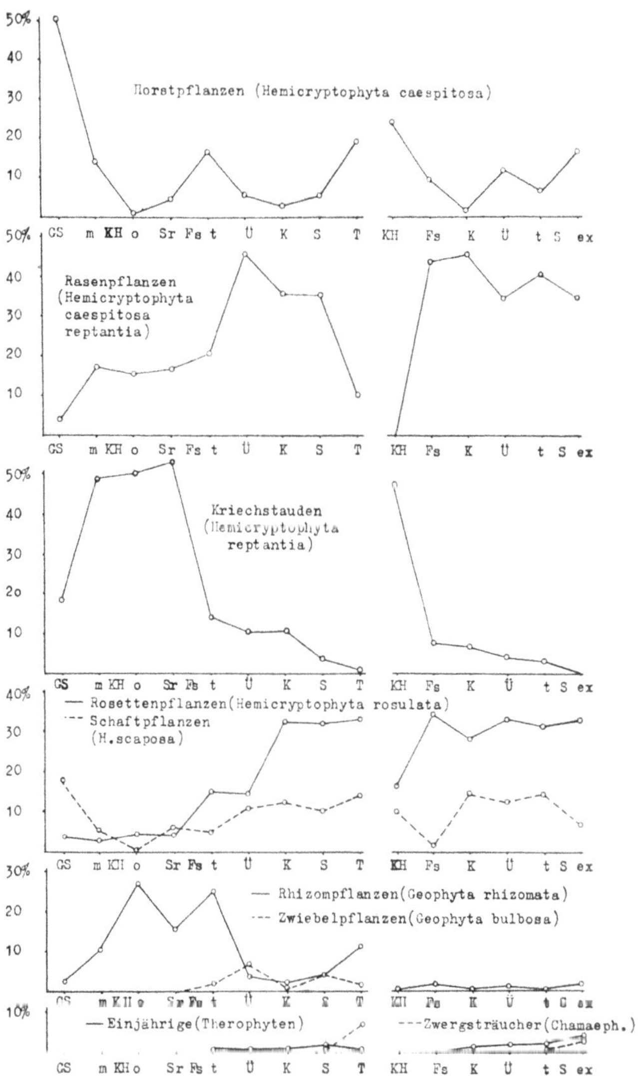

Abb. 3. Die Lebensformen der Wiesen des Machlandes.

[16] Ich möchte Herrn Dipl.-Ing. Schimetta an dieser Stelle für die Überlassung seines Materials herzlich danken. In der Darstellung wurden nur die Werte bis 230,5 m ü. M. herangezogen, da in der Schicht 230,5 m bis 231 m Störungen durch die bereits zum Teil miterfaßte Ackerterrasse eintreten würden.

Tabelle 4. Aufgliederung der Flächen der einzelnen Wiesengesellschaften (in %) auf die Höhenstufen von je 0,5 m (226,0 bis 230,5) am Nordufer des Machlandes

Höhenstufe	Schl	GS	Kr-Hahn		Fs	Ü	K	S	A
			mGS	oGS					
226,0 bis 226,5	**45**	**38**	19	1	—	—	—	—	—
226,5 „ 227,0	32	32	**78**	25	2	1	—	—	—
227,0 „ 227,5	19	4	8	**53**	20	17	1	—	—
227,5 „ 228,0	3	4	—	10	**31**	31	6	1	—
228,0 „ 228,5	1	10	—	9	30	**41**	27	5	4
228,5 „ 229,0	—	5	—	1	8	8	**29**	18	11
229,0 „ 229,5	—	3	—	1	4	2	18	**30**	24
229,5 „ 230,0	—	3	—	—	1	—	12	23	**33**
230,0 „ 230,5	—	1	—	—	4	—	7	23	28
Gesamtfläche (ha)..	2,5	9,5	0,3	6,0	8,6	28,1	66,6	46,7	28,5

„Weiden im Großseggensumpf“ und die „schwach vernäßte Weidenau“. Als Ergänzung ist jeweils die Gesamtfläche der einzelnen Höhenstufen angegeben, ebenso in Tab. 4 die Gesamtfläche der einzelnen Gesellschaften[17]. Die Trespenwiese tritt am Nordufer überhaupt nicht nennenswert in Erscheinung (insgesamt nur 0,5 ha). Am Südufer allerdings bedeckt sie insbesondere im Raum über 230,5 m weite Flächen und herrscht dort stellenweise allein vor. Sehr bezeichnend ist ferner der Anteil der Ackerfläche, die erst über 228 m (also erst parallel der Salbeiwiese) in Erscheinung tritt und deren Hauptausdehnung ebenfalls erst über 230,5 m liegt.

— besonders im Zuge des Grenerarmes — und die seichteren Gräben beschränkt, während die Salbeiwiese dominiert. Der Westteil des Grenerhaufens und vor allem Franzenau und Sommerau schließlich sind das Herrschaftsgebiet der Trespenwiese.

Das Nordufer ist unter Betonung der nassen Gesellschaften parallel gegliedert: Im Bereich der Entenlacke Großseggenstreu und Kriech-Hahnenfußgesellschaft; auf etwas erhöhten Flächen herrscht dort weitgehend der „Filzseggen-Übergang“ und nur in den höchsten Teilen nahe dem Ufer tritt die Knaulgraswiese auf. Diese besitzt ihre Hauptflächen im Raum südlich Eizendorf und erst ab

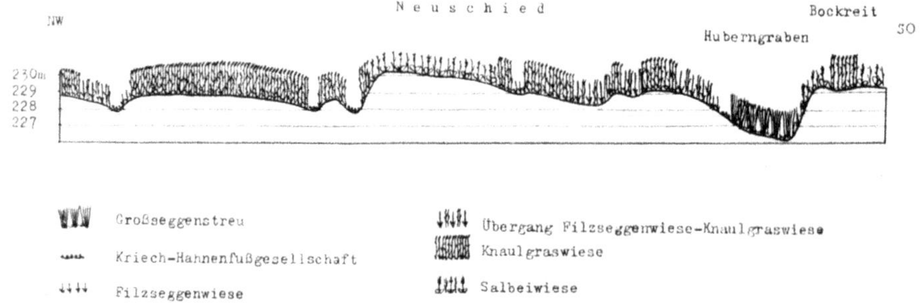

Abb. 4. Profil durch Bockreit-Huberngraben-Neuschied (10fach überhöht).

Der im wesentlichen horizontale Verlauf der Vegetationsgrenzen bewirkt auch in der großräumigen Verteilung der Vegetation eine gewisse Zonierung mit zunehmender Trockenheit von Osten nach Westen.

So herrscht bei Ardagger die Knaulgraswiese vor — Salbeiwiese ist nur vereinzelt in kleinen Flecken anzutreffen – und in den Gräben und Mulden sind die feuchteren Wiesen zu finden, am Altaubach sogar ziemlich ausgedehnt Kriech-Hahnenfußgesellschaft. Weiter westlich dagegen ist die Knaulgraswiese in größerer Ausdehnung nur auf die Senken

Mettensdorf übernimmt die Salbeiwiese die Führung. Sehr deutlich tritt am Nordufer auch die Erhöhung des Landstriches unmittelbar am Ufer der Donau gegenüber dem übrigen Gelände in Erscheinung. Der auffälligste Unterschied gegen das Südufer ist einerseits die größere Nässe sowie wirtschaftsbedingt der höhere Grad der Bewaldung.

Die Ursache dieser auffallenden Vertikalgliederung liegt — wie klar ersichtlich ist und bereits mehrfach betont wurde — in der Abnahme der Feuchtigkeit mit zunehmender Höhe, die in dem im wesentlichen einheitlichen leichten Boden[18] annähernd parallel den Höhenlinien erfolgt. In erster Linie ist die Höhe über dem Grundwasserniveau maßgebend und es wäre daher wünschenswert, die

[17] Allerdings bei bloßer Berücksichtigung des Raumes von 226 m bis 230,5 m. Darüber erreicht vor allem die Salbeiwiese große Flächen (allein 230,5 m bis 231 m, 24,8 ha!). Aus den oben angegebenen Gründen (s. Fußnote 16) wurde diese Fläche jedoch nicht mit einbezogen.

[18] Die schwereren Böden sind nur in den Gräben und Mulden anzutreffen (s. S. 21).

Tabelle 5. Anteil der Gesellschaften an den Höhenstufen von je 0,5 m am Nordufer des Machlandes (Grünland- und Waldgesellschaften in Prozent des jeweiligen Grünland- bzw. Waldanteiles)

Höhenstufe	Grünland								Gr. ges.	Wald ges.	Wald			Ges. Fl. (ha)
	Schl	GS	KH	Fs	Ü	K	S	A			WGS	PW	EE	
226,0 bis 226,5	23	78	4	—	—	—	—	—	34	76	100	—	—	20,5
226,5 „ 227,0	13	50	29	4	4	—	—	—	17	83	97	3	—	36,3
227,0 „ 227,5	4	3	29	17	42	5	—	—	36	64	88	16	1	30,5
227,5 „ 228,0	—	2	4	16	52	22	3	1	46	54	30	59	11	37,1
228,0 „ 228,5	—	2	2	7	32	48	6	3	63	37	8	49	43	59,5
228,5 „ 229,0	—	1	—	2	7	56	24	10	62	38	2	16	82	55,1
229,0 „ 229,5	—	—	—	1	2	36	41	20	56	44	—	7	93	61,6
229,5 „ 230,0	—	—	—	—	1	28	38	33	52	48	—	—	100	55,9
230,0 „ 230,5	—	—	—	1	—	21	45	33	43	57	—	—	100	54,7

Erläuterung der Abkürzungen: Schl = Schlammvegetation, GS = Großseggenstreu, Kr-Hahn (KH) = Kriech-Hahnenfußgesellschaft (mGS, oGS = mit, ohne Großseggen), Fs = Filzseggenwiese, Ü = Übergang Filzseggen-Knaulgraswiese, K = Knaulgraswiese, S = Salbeiwiese, A = Acker, Gr. = Grünland, WGS = Weiden mit Großseggen (einschließlich schwach versumpfte Weidenau). PW = Pappel-Weidenau, EE = Erlen-Eschenau.

Umschlagsgrenzen in Beziehung zum mittleren Grundwasserspiegel zu setzen, statt zur absoluten Höhe. Leider reichen die Grundwasserbeobachtungsstellen nicht aus, einen entsprechend detaillierten Grundwasserschichtenplan zu konstruieren — die von Prof. Dr. Donat im Zuge der Projektserstellung entworfenen Pläne haben den Maßstab 1 : 25.000 und lassen nur die großen Züge der Grundwasserverteilung erkennen. Sie zeigen aber dennoch stellenweise eine deutliche Diskrepanz zu den Vegetationsgrenzen: So liegt der Grundwasserhorizont in der Umgebung des Grenerarmes infolge von dessen entwässernder Wirkung merklich tiefer, die Vegetationsgrenzen erscheinen in diesem Gebiet jedoch nicht in gleichem Maße herabgedrückt, vielmehr wird der Grenerarm entsprechend der tieferen Lage seiner Umgebung von einer Zone feuchterer Gesellschaften begleitet. Es macht sich also noch ein weiterer Faktor — die verschiedene Dauer der Wasserbedeckung bei Hochwasser — bemerkbar. Bereits in der morphologischen Übersicht (S. 1) wurde kurz dargelegt, daß die Überschwemmungen durch Rückstau von den tieferen Gräben aus erfolgen. Nur bei starkem Hochwasser erfolgt zugleich auch Einströmen von oben her durch Überflutung der Traversen am Grenerarm und ähnlicher Schwächestellen. Es stellt sich daher meist ein mehr oder minder horizontaler Wasserspiegel ein. Die tieferen Teile werden dabei nicht nur öfter überschwemmt, sie stehen auch bei stärkerem Hochwasser länger unter Wasser. Zugleich wird auf diesen Flächen wesentlich mehr Schlick abgelagert, der einerseits ausgesprochen düngend wirkt, andererseits auch den Boden in seinem strukturellen Aufbau stark beeinflußt. Von größter Bedeutung ist daher auch die Lage jedes Fleckes zu Abflußmöglichkeiten. So wird das Gelände in der Umgebung tieferer Gräben (z. B. Grenerarm, Huberngraben u. a.) stets rascher entwässert, als weite, mehr oder minder ebene Flächen, besonders wenn diese — oft nur seichte — abflußlose Mulden enthalten, in welchen das Wasser versickern muß, was besonders bei häufigerer Überschlickung deutlich verzögert ist. Dadurch erklärt sich wohl das Auftreten feuchterer Gesellschaften in derartigen Mulden auch oberhalb der normalen Stufe der betreffenden Gesellschaft und umgekehrt (vgl. Abb. 4).

3. Räumliche oder genetische Beziehungen zwischen den Gesellschaften?

Die Hochwässer beeinflussen nicht allein durch verschieden lange Überschwemmungsdauer die Vegetation, sie wirken durch Überschlickung, Anschwemmung und Abtragung auch stark ausgestaltend auf die gesamte Aulandschaft ein, so daß es naheliegend ist, in der Reihenfolge von den feuchten zu den trockenen Gesellschaften eine genetische Entwicklungsreihe zu sehen. Schließlich ist ja das gesamte Gebiet erst in verhältnismäßig junger Zeit entstanden und wir müssen annehmen, daß überall — auch an Stelle der heutigen trockensten „Haufen" — einst offenes Wasser war, das verlandete. Dennoch dürfen wir nicht ohne weiteres die Glieder dieser ökologischen Reihe mit einer einfachen Sukzession gleichsetzen. Eine Sukzession ist die Aufeinanderfolge von Pflanzengesellschaften, die durch allmähliche, in den örtlichen Gegebenheiten liegende Veränderung der Umweltbedingungen hervorgerufen wird. Eine solche liegt zweifellos in der Teilreihe von Schlammvegetation über Großseggenstreu zur Kriech-Hahnenfußgesellschaft vor. Diese drei Gesellschaften unterscheiden sich ökologisch nur durch ihre verschiedene Lage zum Normalwasserspiegel: Schlammvegetation nur bei Niedrigwasser trocken, Großseggenstreu im Bereich der Normalwasserlinie, Kriech-Hahnenfußgesellschaft mit ihren zwei Stufen erst bei geringem Hochwasser überschwemmt. Darüber hinaus sind die ökologischen Bedingungen gleich, insbesondere der schlammige Boden. Die Erhöhung erfolgt durch wiederholte Überschlickung bei jedem Hochwasser, also durch einen absolut standortseigenen Faktor. Außerdem sind alle drei Gesellschaften stets nur in Gräben bzw. Mulden anzutreffen. Anders liegen allerdings bereits die Verhältnisse bei der Filzseggenwiese. Diese ist in typischer Ausbildung fast stets nur an den Steilhängen oder auf Absätzen tieferer Gräben zu finden und gerade durch ausgesprochene Armut an düngenden Substanzen ausgezeichnet; sowohl der abgelagerte Schlick, als auch eventuell abgeschwemmter Dünger von den höhergelegenen Wiesen werden auf den Grund des Grabens weiterbefördert[19]. Die Gesellschaft entspricht also einem Kleinstandort, der sich zwar gesetzmäßig in die ganze Landschaft einfügt und sich immer wieder in ihr bildet, jedoch durch das Vorherrschen des Relieffaktors und nicht durch einfache Sukzession aus den oben erwähnten Gesellschaften. Bezeichnend ist ja, daß die Filzseggenwiese am Grunde von Mulden fast stets durch die der Kriech-Hahnenfußgesellschaft äußerst nahestehende *Poa palustris*-Subassoziation bzw. in höheren Lagen durch den Übergang zur Knaulgraswiese vertreten ist, welche sich der Sukzessionsreihe ohne weiteres einfügen lassen.

Mit zunehmender Höhe nimmt der entscheidende Faktor — die Überschlickung — stark ab. Bereits die Knaulgraswiese wird nur mehr von den höheren Hochwässern für kurze Zeit überschwemmt und erhält fast keine Schlickauflage mehr (bzw. wird diese größtenteils nachträglich wieder abgeschwemmt). Wohl kann in Gräben bei deren allmählicher Zuschüttung in fortgesetzter Sukzession stellenweise Knaulgras-, ja sogar Salbeiwiese entstehen, dennoch ist die Bildung ihrer Standorte in erster Linie auf Übersandung im Zuge von Katastrophen-Hochwässern — eben die Haufenbildung — zurückzuführen. Ihr Boden ist dementsprechend wesentlich leichter als in den nassen Gesellschaften. Dennoch spielt gelegentliche Überschlickung und die zum Teil auch dadurch bedingte höhere Bodenreife und größere Schwere (lehmiger Sand bis Lehm) eine große Rolle — vor allem als wichtigster ökologischer Unterschied gegen die Trespenwiese der höchsten, niemals überschlickten[20] und daher rohen Sandböden. Hier sehen wir also sogar einen umgekehrten Verlauf der Sukzession: Bei entsprechender Möglichkeit der Weiterentwicklung des Bodens entsteht aus der Trespenwiese die Salbeiwiese und nicht umgekehrt! Wir ersehen aus diesen Tatsachen die große Bedeutung einer kritischen Betrachtung einzelner Kleinstandorte, deren enge ökologische und räumliche Beziehung nicht immer einer genetischen entsprechen muß. Zugleich ergibt sich daraus die Notwendigkeit einer engen Fühlungnahme mit eingehender bodenkundlicher Forschung. Daß dabei gerade die Bodenentwicklungslehre die beste Grundlage bietet, liegt in der Natur der ganzheitlichen Umweltbetrachtung.

Die Böden der Auniederung wurden im Jahre 1948 durch Dr. Blümel (Petzenkirchen) nach Lokalformen kartiert. Wohl zeigen die Lokalformen der Bodenkartierung nicht das Hauptmerkmal der Vegetationsverteilung — die enge Abhängigkeit von der Höhe —, dennoch zeigt ein Vergleich mit der Vegetationskarte klare Zusammenhänge, die hier nur in den Grundzügen gestreift werden sollen. Einzelheiten sind dem Beiheft zur Bodenkarte zu entnehmen, worin auch zahlreiche Hinweise auf die Vegetationskarte zu finden sind.

Die Großseggenstreu fällt fast durchwegs mit den Böden der „Schalln"-Serie zusammen, die — meist als Tone ausgebildet — den Gleyböden zuzuordnen sind. Zum Teil greifen hierher auch die Böden der „Gschaid"-Serie über, die vornehmlich Kriech-Hahnenfußgesellschaft tragen und vergleyte graue Auböden sind. Die enge — auch genetische — Verwandtschaft dieser Gesellschaften zeigt sich also auch im einheitlichen Boden. Knaulgraswiese und Salbeiwiese haben den höchsten Entwicklungsstand erreicht; sie stehen auf den weitest gereiften Böden — den braunen Auböden mit geringer Überschwemmungsgefahr. Dabei ist die Knaulgraswiese vorwiegend auf den schwereren (feinsandiger Lehm bis lehmiger Ton) Böden der „Saxen"-Serie[21] anzutreffen, während das Hauptverbreitungsgebiet der Salbeiwiese mit den leichteren (lehmiger Sand bis Lehm) „Hollerau"-Böden zusammenfällt. Die Trespenwiese ist größtenteils auf dem „Machland"-Sand, einem Rohauboden, ausgebildet, daneben zum Teil auch auf den wenig entwickelten, ebenfalls sandigen grauen Auböden der „Bock"-Serie, die allerdings — besonders am Nordufer — teilweise bereits Salbeiwiese tragen. Die Böden spiegeln also deutlich die gleichen mehrfachen Entwicklungstendenzen innerhalb der Auniederung wieder wie die Vegetation: Gleyboden (Schalln) — vergleyter grauer Auboden (Gschaid) — toniger brauner Auboden (Saxen) und anderseits sandiger Rohauboden (Machland) — leichter grauer Auboden (Bock) — sandig-lehmiger brauner Auboden (Hollerau). Auch die Leitzinger Druckwasservernässungen treten bodenmäßig hervor („Flachmoor"- und „Mooser"-Serie). Interessant ist, daß in der Randzone, die noch unter schwacher Einwirkung der Vernässungen steht, vergleyte braune Auböden („Aigner"-Serie) ausgebildet sind und somit den sekundären Charakter dieser Vernässungen ausdrücken.

Zusammenfassend muß nochmals betont werden, daß die Donauniederung des Machlandes sowohl ökologisch als auch topographisch eine Einheit darstellt, in der ein Teil ohne die Wechselwirkung des anderen nicht möglich wäre, daß die Vegetation dieser Landschaft jedoch trotzdem und trotz der augenscheinlichen Dynamik ihrer ständigen Umgestaltung durch die Hochwässer der Donau nicht auch eine einzige genetische Einheit in Form einer einfachen Sukzession von naß zu trocken darstellt. In ihr sind vielmehr mehrere Entwicklungstendenzen wirksam, die von verschiedenen Kleinstandorten ausgehen.

[19] Die wiederholte Überschlickung dürfte auch der Grund für das fast völlige Fehlen einer Moosdecke in der Kriech-Hahnenfußgesellschaft sein, während in der Filzseggenwiese eine solche besonders stark entwickelt ist.

[20] Überschwemmung in dieser Höhe erfolgt stets nur als Einbruch des Katastrophenhochwassers von oben her.

[21] Der Name „Saxen" erscheint nicht glücklich gewählt, da in der Umgebung von Saxen bereits die silikatischen Böden der Ackerterrasse auftreten, die allerdings durch die Bodenkartierung nicht mehr erfaßt wurde.

IV. Praktische Auswertung

Entsprechend der ursprünglichen Fragestellung wollen wir uns in diesem Abschnitt mit den praktischen Folgerungen befassen, die aus der Vegetation des Machlandes und ihrer Verteilung gezogen werden können. Dabei muß gleich zu Beginn betont werden, daß die Aufgabe des Pflanzensoziologen in jedem Falle nur in der Feststellung der Grundlagen für eine praktische Auswertung und in Hinweisen auf besondere berücksichtigungswürdige Verhältnisse liegen kann, nicht aber in der Ausarbeitung irgendwelcher praktischer Maßnahmen; diese fallen vielmehr in den Aufgabenkreis des entsprechenden Praktikers, dem der Pflanzensoziologe nur unterstützend und beratend zur Seite steht.

Die grundlegende Auswertemöglichkeit der pflanzensoziologischen Aufnahme liegt im Zeigerwert der Pflanzengesellschaften. Darüber hinaus gestattet die soziologische Analyse weitgehende Rückschlüsse auf Ertragswert und Verbesserungsmöglichkeiten der einzelnen Einheiten und schließlich können auch — vor allem aufbauend auf dem Zeigerwert — für kulturtechnische Maßnahmen gewisse Hinweise gegeben werden. Dabei sollen alle wirtschaftlich und flächenmäßig unbedeutenden Gesellschaften bei der Behandlung in diesem Abschnitt vernachlässigt werden, wie überhaupt der Schwerpunkt naturgemäß auf den Wiesengesellschaften der Auniederung liegt.

1. Zeigerwert der einzelnen Pflanzengesellschaften

Jede Pflanzengesellschaft repräsentiert einen bestimmten Standortstypus. Die Karte gibt daher unmittelbar die Verteilung dieser Standortstypen wieder. In den beiden vorigen Abschnitten wurden die einzelnen Gesellschaften von den verschiedenen Gesichtspunkten aus betrachtet und insbesondere ihr Wasserhaushalt, der entscheidendste Faktor im gesamten Wechselspiel der lokalen Umweltverhältnisse, so eingehend erörtert, daß wir uns hier auf eine kurze Zusammenfassung der wesentlichsten Merkmale, wie sie gerade für die Praxis von Bedeutung sind, beschränken können.

Die Wiesengesellschaften der Auniederung zeigen in ihrer Gesamtheit Kalkreichtum des Bodens und im Zusammenhang damit gute Struktur- und Nährstoffverhältnisse an (gut durchlüftete, gekrümelte, meist leichtere Böden mit schwach basischer Reaktion). In den nassen Gesellschaften (Großseggenstreu und Kriech-Hahnenfußgesellschaft) wird dieser Faktor allerdings weitaus von der großen Nässe und den weitgehenden Strukturänderungen durch die wiederholte Überschlickung unterdrückt. Auf der Ackerterrasse dagegen bewirkt die Kalkarmut des silikatischen Verwitterungsmaterials Bodenversauerung mit all ihren ungünstigen Folgeerscheinungen: Die Böden sind nährstoffarm, mit unbeständiger Krümelung, so daß sie leicht verschlämmen, schlecht durchlüftet und dicht gelagert sind. Daraus erklärt sich auch das Vordringen zahlreicher Feuchtigkeitszeiger viel weiter in trockene Gesellschaften (vgl. S. 13). Diese wesentlichen Unterschiede in Nährstoffhaushalt und Struktur des Bodens werden in gleicher Weise auch durch die Unkrautvegetation der Äcker wiedergegeben, in denen sich auf der Ackerterrasse besonders die Schollenbildung infolge der ungünstigen Strukturverhältnisse unangenehm bemerkbar macht.

Im einzelnen sind die Pflanzengesellschaften in erster Linie nach abnehmender Feuchtigkeit gestuft; aus Gründen der Übersichtlichkeit soll die Zusammenfassung der jeweils wichtigsten Standortseigenschaften zugleich mit ihrem Ertragswert erörtert werden.

2. Ertragswert der einzelnen Gesellschaften im gegenwärtigen Zustand und Verbesserungsmöglichkeiten

Der Deckungswert der einzelnen Arten in einer Pflanzengesellschaft gibt als Kombination der durchschnittlichen Flächendeckung mit deren Stetigkeit den besten Eindruck von der wahren Rolle der betreffenden Art im Erscheinungsbild der Gesellschaft und ist vorzüglich zu systematisch-ökologischen Auswertungen heranzuziehen (vgl. Abb. 1 bis 3). In gleicher Weise läßt sich auch der Anteil verschiedener Wertgruppen in wirtschaftlicher Hinsicht berechnen und unter der Annahme einer Relation Flächendeckung: Masse = 1:1[22] eine Aufteilung des Ertrages auf diese Wertgruppen vornehmen. In Tab. 6 sind die Deckungswerte der wirtschaftlich wichtigen Arten in den einzelnen Gesellschaften in Prozent der jeweiligen Gesamtdeckung der Krautschicht zusammengestellt. Die Moosdeckung wurde aus Vergleichsgründen ebenfalls zu dieser Gesamtdeckung in Beziehung gesetzt. Die Aufgliederung nach einzelnen Arten könnte dabei unmittelbar als Grundlage für die Aufstellung standortsgemäßer Grassamenmischungen dienen, sofern solche überhaupt in diesem ausgesprochenen Grünlandgebiet verwendet würden[23]. Abb. 5 gibt — graphisch dargestellt — die Aufgliederung des Gesamtdeckungswertes auf die einzelnen Wertgruppen wieder und in Abb. 6 wurde die gleiche Aufgliederung unter der oben angedeuteten Annahme vom Heuertrag vorgenommen, wobei auch dem Gesamtertrag grobe

---

[22] Da in jeder Wertgruppe verschieden hochwüchsige Pflanzen enthalten sind, dürfte diese Annahme für überschlägige Berechnungen wohl zulässig sein, da Abweichungen innerhalb des Spielraumes unkontrollierbarer Fehlerquellen zu liegen scheinen. Genaue Untersuchungen zur Überprüfung dieser Annahme stehen noch aus, sind jedoch bereits vorbereitet. Im übrigen werden auf diese Weise stets nur sehr grobe Durchschnittswerte erreicht — die Genauigkeit exakter Methoden der Ertragsbestimmung wird anderseits durch die geringe Möglichkeit von deren Verallgemeinerung wettgemacht.

[23] Im Ottensheimer Becken mit seinen weitgehend ähnlichen Verhältnissen (s. S. 13) wurden mehrere Kunstwiesen angetroffen, wobei immer wieder die Notwendigkeit der Verwendung standortsgemäßer Samenmischungen festgestellt werden konnte, da wiederholt schwere Ausfälle durch Verwendung nicht standortsgemäßer Mischungen eintraten (z. B. Glatthafer in der Fuchsschwanzstufe!). Auf jeden Fall muß der Grundsatz gelten: Besser überhaupt keine Einsaat, als eine standortsfremde!

Tabelle 6. Aufteilung der wirtschaftlich wichtigen Arten auf die einzelnen Gesellschaften in Prozent der Gesamtdeckung der Krautschicht

	Aunlederung									Silikatische Ackerterrasse					
Gesamtdeckung (100 Einheiten)	GS 130	m KH o 160	160	Sr Fs t 180	200	Ü 205	K 240	S 230	T 210	KH 165	Fs 225	K 250	Ü 245	t S 260	ex 245
Hochwertige Obergräser:	6%	4%	6%	7%	4%	15%	19%	11%	2%	—	16%	18%	13%	15%	8%
Typhoides arundinacea ..	6	4	2	2	2										
Alopecurus pratensis			4	2		3					12	4	2	+	+
Festuca pratensis				3	2	7	7	3	+		4	5	4	3	1
Dactylis glomerata						5	12	7	2			5	3	6	6
Trisetum flavescens							+	1	+			4	4	6	+
Hochwertige Untergräser:	—	14%	10%	9%	13%	27%	23%	17%	5%	—	12%	19%	17%	19%	20%
Poa palustris		14	4	2											
Poa pratensis			6	7	12	12	10	4	+		12	15	11	12	14
Festuca rubra					1	15	13	13	5			4	6	7	6
Mittelwertige Gräser:	—	2%	25%	5%	9%	3%	3%	6%	18%	—	+	6%	6%	6%	7%
Agropyron repens		2	25	5	6	1	1								
Agrostis gigantea					3	2	+	+							
Briza media							1	2	2				2	+	1
Anthoxanthum odoratum .							+	4	2						
Bromus erectus									12						
Avenastrum pubescens ...									2						
Festuca arundinacea												1			
Agrostis tenuis											+	5	4	6	6
Leguminosen:	—	1%	7%	12%	5%	10%	11%	7%	6%	—	15%	14%	18%	13%	9%
Vicia Cracca		1	1	5	3	+	+	1	2				+		
Trifolium repens			6	7	1	4	5	1	+		5	4	3	2	
Trifolium hybridum					+	+					8				
Lotus corniculatus					1	3	1	1	1		1	3	4	2	4
Lathyrus pratensis						+	+	+	+		+	2	1	2	1
Trifolium pratense						3	5	3	1		1	5	8	5	1
Medicago lupulina							+	1	1				+	1	
Medicago falcata								+	+					+	
Trifolium montanum									1						
Trifolium minus													1	+	3
Wiesenkräuter:	24%	22%	10%	25%	30%	30%	37%	43%	28%	65%	84%	36%	36%	39%	38%
Minderwertiges Gräser:	—	—	1%	3%	17%	5%	3%	4%	20%	2%	17%	6%	8%	7%	13%
Deschampsia caespitosa ..			1	3	17	4	2			2	17	6	6	7	6
Calamagrostis epigeios ...						+	1	+							
Molinia coerules						1		3	3			+	2	+	6
Brachypodium pinnatum								1	5						
Festuca sulcata									10						
Koeleria pyramidata									2						1
Großseggen:	61%	14%	—	1%	—	—	—	—	—	24%	+	—	—	—	—
Kleinseggen:	—	8%	4%	4%	13%	1%	+	3%	7%	—	2%	+	1%	+	2%
Giftpflanzen:	—	—	—	—	2%	7%	2%	6%	3%	—	—	+	1%	1%	+
Colchicum autumnale					2	7	2	4	1						
Euphrasia Rostkoviana ..						+	+	1	+			+	1	1	+
Euphorbia verrucosa								1	2						
Mähverlust:	9%	35%	37%	34%	7%	2%	2%	3%	11%	9%	4%	1%	+	+	3%
Agrostis stolonifera	3	12	19	27											
Potentilla reptans		16	11	4	4	+									
Lysimachia Nummularia.	6	7	7	3	3	2	2	+		9	2	1		+	
Carex caryophyllea								3	7				+		+
Thymus pulegioides									3						3
Sedum sexangulare									1						
Agrostis canina											2				
Moose (Prozent der Krautschicht-deckung):	—	1%	2%	26%	17%	16%	5%	14%	28%	—	6%	3%	6%	6%	15%

Durchschnittszahlen mit möglichst einfachen Relationen zugrunde gelegt wurden[24]. Dabei zeigt sich klar die ertragsmäßige Überlegenheit der Knaulgraswiese, deren an sich höchster Ertrag sich zum größten Teil aus hochwertigen Futterpflanzen zusammensetzt, während besonders in der an sich äußerst ertragsschwachen Filzseggenwiese die minderwertigen Pflanzen dominieren.

[24] Die Gruppe „Mähverlust" ist in diesem Diagramm ausgeschieden.

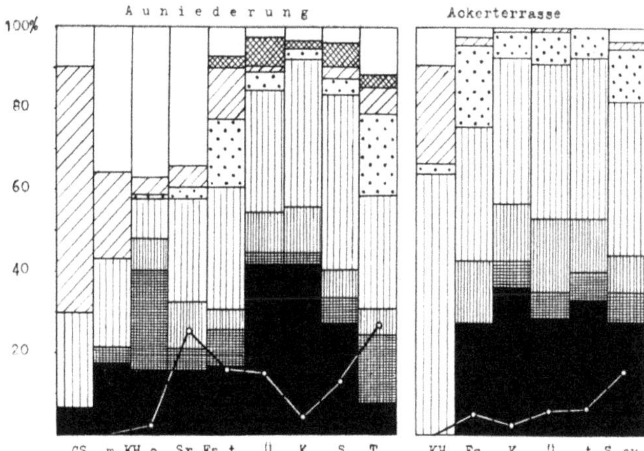

Abb. 5. Aufgliederung der Gesamtdeckung auf Ertragswertgruppen.

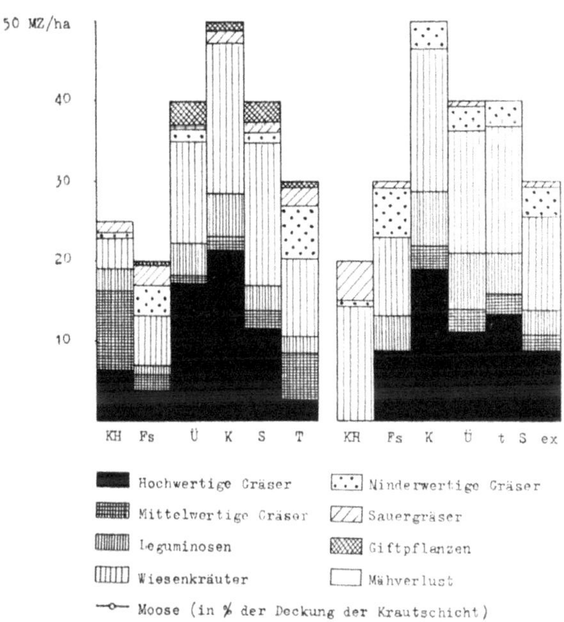

Abb. 6. Aufteilung der Heuerträge auf Ertragswertgruppen.

Im einzelnen zeigen die Gesellschaften unter Einbeziehung ihres Standortes kurz zusammengefaßt folgende Verhältnisse:

1. Großseggenstreu: Ertragreiche Streuwiese, jedoch stark vom Wasserstand abhängig. Sehr gleichmäßige Streu (über 60% Großseggen!). Vornehmlich in tieferen Gräben (flächenhaft nur um die Entenlacke) im Niveau des Normalwassers. Infolge der überaus häufigen Überschlickung Boden sehr dicht, schlammig. Noch typischer Unterwasserboden mit Gyttja. Wegen des hohen Grundwasserstandes keine Verbesserungsmöglichkeit. Flächendeckung außer Entenlacke gering.

2. Kriech-Hahnenfußgesellschaft mit Großseggen: Bei Normalwasser eben trocken fallend, sonst standörtlich der Großseggenstreu gleich. Durch hohen Ausfall wertloser niederliegender Arten („Mähverlust" — 35% bzw. mit Kriech-Hahnenfuß 50%!) sehr dürftiger Streuertrag. Infolge des großen Anteiles an Großseggen anders nicht nutzbar. Nur im Bereich der Entenlacke in Weidenbeständen (Sign. 21) weiter ausgedehnt.

3. Kriech-Hahnenfußgesellschaft ohne Großseggen: Ertragsarme, leicht überschwemmte Wiese in tieferen Gräben (bei schwachem Hochwasser überflutet). Artenbestand im allgemeinen nicht schlecht — fast keine Sauergräser —, jedoch starker Mähverlust (37%). Hauptdominante Quecke, in etwas höher gelegenen Teilen, besonders in Mulden der Obstgartenwiesen um Ardagger, Fuchsschwanz (meist nur locker). Nährstoffverhältnisse infolge der Überschlickung gut, Boden ähnlich der Großseggenstreu. Wegen tiefer Lage keine Verbesserungsmöglichkeit.

4. Filzseggenwiese: Erst bei mäßigem Hochwasser überschwemmt. An sich schwacher Ertrag durch den verhältnismäßig hohen Anteil von Kleinseggen (13%) und der zumindest wertlosen Rasenschmiele (17%) noch im Wert gedrückt. In typischer Ausbildung allerdings fast ausschließlich auf Grabenböschungen und -absätze in nur geringer Ausdehnung beschränkt. Die Sumpfrispengras-Subassoziation der schlickreichen Grabensohlen steht sowohl in den Standortsbedingungen, als auch im Ertrag zwischen Filzseggen- und Kriech-Hahnenfußwiese. Sie wurde in Abb. 6 weggelassen, da sie auch in der Karte nicht eigens ausgeschieden wurde. Verbesserung (Stickstoffdüngung — Fuchsschwanz!) lohnt nicht wegen der Kleinheit der Flächen und der hohen Überschwemmungsgefahr.

5. Übergang Filzseggen- zur Knaulgraswiese: Nur mehr bei mittlerem Hochwasser überschwemmt. Neuauftreten zahlreicher wertvoller Wiesengräser (besonders Knaulgras). In gedüngten oder von Natur aus stickstoffreicheren Beständen beste Fuchsschwanzwiese. Auch wegen der ziemlich weiten Verbreitung (Ostteil des Nordufers und „Tagwerk" am Bibersporn des Südufers) bereits beachtenswerte Wiesengesellschaft. Allerdings Ertrag noch durch regelmäßige Überschwemmungen etwas unsicher, durch starkes Überhandnehmen von Herbstzeitlose (neben den sonst wertvollen Arten Wiesenknopf und Vogelwicke) besonders in ungedüngten Beständen gedrückt.

6. Knaulgraswiese: Insbesondere in trockenen Jahren ertragreichste Wiese der Donauniederung. Wertvolle Futterpflanzen überwiegen; Sauergräser, Moose, Mähverlust im Minimum. In feuchten Jahren ist der Ertrag durch hochstehendes Grundwasser und Überschwemmungen noch etwas gefährdet. Die starke Jauchedüngung (besonders in den Obstgärten) bewirkt in den lehmigen Böden der „Saxen"-Serie mit größerer Wasserkapazität (nicht aber in den leichteren Böden der Salbeiwiese) bereits starkes Auftreten von Überdüngungszeigern (besonders grobe Umbelliferen!). Gute Obstlagen und bereits beschränkt ackerbar (besonders an der oberen Grenze). Ertragssteigerung nur in entfernteren Auwiesen durch entsprechende Düngung beschränkt möglich.

7. Salbeiwiese: Durch starken Krautreichtum von Natur aus ertragsärmer. Nur bei starkem Hochwasser kurzfristig überschwemmt, daher günstigste Wasserverhältnisse im Boden. Infolge der geringen Schwere (meist lehmiger Sand) jedoch in Trockenzeiten Ertrag etwas gedrückt. Durch Düngung (besonders Stallmist), die wegen geringer Überschwemmungsgefahr lohnt, anderseits wegen mangelnder Überschlickung sogar notwendig ist, wesentlich verbesserungsfähig. Die günstigsten Verhältnisse zeigen Bestände auf Lehmboden (Hollerau- bzw. Saxen-Lehm), die durch Düngung in besonders wertvolle „Knaulgraswiesen" (bereits mit Glatthafer) umzuwandeln sind. Diese Bestände, die vor allem in den Obstgärten im Südteil der Ackerterrasse (Eizendorf, Mettensdorf) angetroffen werden, sind sogar der natürlichen Knaulgraswiese im Ertrag überlegen. Da überdies die Salbeiwiesen-Stufe gut ackerbar ist (allerdings auf weite Strecken Rostgefahr), muß trotz des geringeren Ertrages der Naturwiesen diese Stufe als wertvollste des gesamten Gebietes angesehen werden.

8. Trespenwiese: Meist nur auf rohem Sandboden in den höchsten, nur bei Katastrophen-Hochwasser überfluteten Lagen ausgebildet. Infolge des leichten Bodens stark ausbrenngefährdet und ertragsarm mit hohem Anteil wertloser Arten (auch Moosschicht nimmt stark zu). Grundvoraussetzung für Ertragssteigerung ist Düngung[25]. Daneben ist besonders einer Hebung der wasserhaltenden Kraft des Bodens entsprechendes Augenmerk zuzuwenden. Die Böden dieser Stufe sind gut ackerbar, jedoch besteht stellenweise Flugerdegefahr.

9. Die Wiesen der Ackerterrasse zeigen im wesentlichen ähnliche Verhältnisse wie die entsprechenden Parallelausbildungen der Auniederung. Infolge des schwereren wasserzügigen Bodens sind die Vegetationsunterschiede innerhalb der trockeneren Gesellschaften geringer. Der Ertrag ist im allgemeinen schwächer als in den entsprechenden Einheiten der Auniederung. Zur Ertragssteigerung könnte vor allem Kalkung beitragen.

10. Die Druckwassergesellschaften bei Leitzing sind durchwegs ertragsschwach, insbesondere die Kleinseggenanmoore, die jedoch durch ihre Kleinheit nicht ins Gewicht fallen. Auch die etwas ertragreichere Kohldistelwiese enthält zahlreiche Sauergräser. Alle Gesellschaften zeigen anmoorigen Boden durch stauende Nässe (Druckwasser) an und sind unbedingt entwässerungsbedürftig. Auf keinen Fall darf auf diesen Flächen geweidet werden, weil dadurch die Bodendecke völlig verdorben würde.

11. Waldgesellschaften: a) Das Weiden-Pioniergebüsch besitzt als Rohmaterial für Korbflechterei große Bedeutung und wäre unbedingt

[25] Auf einer Trespenwiese im Ottensheimer Becken, die nach Angabe des Besitzers mit Superphosphat gedüngt worden war, stellte ich starke Massenzunahme bei gleichbleibender Dominanz der höchstens mittelwertigen Aufrechten Trespe fest; auf einer anderen Wiese der gleichen Stufe herrschten Glatthafer und Wiesen-Rispengras vor, nachdem sie nach Angabe von deren Besitzer mit Kalk-Ammonsalpeter gedüngt worden war. Diese Beobachtungen seien hier ohne jede weitere Schlußfolgerung mitgeteilt. Es zeigt sich jedenfalls die Notwendigkeit, die Wirkung verschiedener Düngemittel in Zusammenarbeit von Pflanzensoziologie und Praxis in den einzelnen Pflanzengesellschaften exakt zu erforschen.

Tabelle 7. Zusammenstellung der wichtigsten ökologischen und Wirtschaftseigenschaften der Wiesengesellschaften der Auniederung.

Gesellschaft	Höhe ü. M.	Grundwasser an der Oberfläche	Boden vorwiegende Lokalform	Düngerbedarf (bes. Stickstoff)	Kulturform	Mahd im Jahr	Durchschnittsertrag MZ/ha Heu	Gefahren	Ackerfähigkeit
Großseggenstreu	unter 227	normal	Schalln Gleyboden		gute Streuwiese	1 (—3)		starke Überschwemmung	nicht ackerfähig
Kriech-Hahnenfußgesellschaft mit Großseggen	227,0 bis 227,5		Gschaid vergleyter, grauer Auboden	von Natur aus nährstoffreich	ertragsarme Streuwiese	1—2		Überschwemmung	
Kriech-Hahnenfußgesellschaft ohne Großseggen	227,0 bis 228,0	geringes Hochwasser			ertragsarme fast süße Wiese	1—2	15—25		
Filzseggenwiese typisch	227,5 bis 228,5			sehr düngerbedürftig	ertragsarme Sauerwiese	1	15—20		
Filzseggenwiese Übergang	228,0 bis 229,0	mittleres Hochwasser	Saxen vorwiegend lehmiger, brauner Auboden	düngerbedürftig	feuchte Fettwiese mit wenig Sauergräser (Fuchsschwanzwiese)	2	25—40	schwache Überschwemmung	sehr beschränkt ackerfähig (Hackfrucht)
Knaulgraswiese	228 5 bis 229,5			meist genügend gedüngt	frische Fettwiese (Knaulgras) Obstgarten	2—3	40—50	selten Überschwemmung, aber doch oft zu hohe Feuchtigkeit	in feuchten Jahren beschränkt ackerfähig
Salbeiwiese	229,0 bis 230,5	starkes Hochwasser	Hollerau sandig-lehmiger brauner Auboden / Bock sandiger grauer Auboden	düngerbedürftig	krautreiche Mähwiese (b. Düngung Knaulgras, Glatthafer) Obstgarten	2 (—3)	30—45	bei extremer Trockenheit schwach Ausbrennen	ackerfähig
Trespenwiese	über 230	extremes Hochwasser	Machland s. Rohauboden	sehr düngerbedürftig	trockener Magerrasen	1—2	20—25	Ausbrennen (im Acker zum Teil Flugerdegefahr)	

durch Anpflanzung auszubreiten. Auch in den sonst ziemlich wertlosen Streuwiesen (besonders Sign. 20 und 21) wäre der Pflege der Korbweidenkultur größeres Augenmerk zuzuwenden; b) Pappel-Weidenau. Holznutzung vor allem als Brennholz. Sehr bedeutend sind die ausgedehnten Bestände von Rohrglanzgras *(Typhoides arundinacea)* im Unterwuchs — oft fast in Reinbeständen —, die regelmäßig gemäht werden und ein gutes Futter ergeben. Insbesondere in trockenen Jahren (1947!) unentbehrliche Futterreserve; c) Erlen-Eschenau. Bei entsprechender Pflege (Wallsee!) ausgezeichneter Wirtschaftswald.

12. Äcker: Sicher ackerbar erst ab Salbeiwiese, in tieferen Lagen wegen Überschwemmungsgefahr nicht ratsam; in der Trespenwiesenstufe stellenweise Flugerdegefahr. In der ganzen Niederung starke Rostgefahr; im Nordteil der Ackerterrasse ist Kalkung zur Bodenverbesserung nötig.

Als Zusammenfassung gibt Tab. 7 eine Übersicht über die wichtigsten ökologischen und wirtschaftlichen Eigenschaften der Wiesengesellschaften der Auniederung wieder.

3. Hinweise für kulturtechnische Maßnahmen

Die Donauniederung des Machlandes zeigt alle charakteristischen Züge eines jungen Schwemmlandes mit im wesentlichen leichten Böden. Die regelmäßigen Überschwemmungen durch Hochwasser der Donau können infolge der Eigenart der Landschaft nicht verhindert werden. Eine Erhöhung der Uferdämme könnte nur den notwendigen Schutz gegen Katastrophen-Hochwässer bewirken. In der gewöhnlichen Art der Überschwemmung durch rückschreitendes Ansteigen des Grundwassers ist übrigens höchstens bei längerer Dauer eine momentane Schädigung zu erblicken; sie wirkt sogar durch Ablagerung nährstoffreichen Schlicks in gewissen Grenzen günstig. Abspülung der Bodenkrume ist nur in seltenen Fällen (besonders bei Ackerung in Gräben) zu erwarten. Die Vernässungen der tiefer gelegenen Flächen (besonders Entenlacke am Nordufer) werden durchwegs durch strömendes Grundwasser hervorgerufen. Eine Gegenmaßnahme ist mit wirtschaftlich tragbaren Mitteln nicht möglich, würde zumeist auch wegen der Kleinheit der entsprechenden Flächen nicht lohnen. Eine wesentliche Hebung des gegenwärtigen Ertrages wäre nur durch intensivere Düngung (besonders Salbeiwiese!) sowie gegebenenfalls durch Umbruch und Einsaat standortsgemäßer Grassamenmischungen möglich. Sind jedoch solche nicht aufzutreiben, so ist von Umbruch auf jeden Fall Abstand zu nehmen, da bloß durch Düngung der Artenbestand weitestgehend verbessert werden kann, während die handelsüblichen, nicht standortgemäß zusammengestellten Samenmischungen fast stets Ausfälle ergeben.

Einzig die Druckwasseraufbruchszone bei Leitzing mit ihren staunassen Vernässungen, welche ein eigenes Landschaftselement darstellt und nicht unter direktem Donaueinfluß steht, erfordert eine Entwässerung („Meliorationsprojekt I"), was gegenwärtig infolge der günstigen Vorflutverhältnisse auf keinerlei Schwierigkeiten stößt. Zudem sind die betroffenen Flächen außerordentlich klein.

Erst durch die Möglichkeit von Auswirkungen des Rückstaues des Donaukraftwerkes werden auch im unmittelbaren Überschwemmungsgebiet kulturtechnische Maßnahmen nötig. Doch auch diese lassen sich in einem Punkt zusammenfassen: Sicherung der entsprechenden Vorflut. Der Angelpunkt jeder Überschwemmungsgefahr liegt am Ostrand der Niederung — einerseits bei Ardagger an der gemeinsamen Mündung von Altaubach und Grenerarm, anderseits bei Dornach an der Mündung der Naarn. An den gleichen Stellen würde sich aber auch ein Rückstau und somit eine Wasserspiegelerhöhung zuerst bemerkbar machen. Die Vegetation zeigt deutlich die enge Abhängigkeit von dem rasch flächenhaft ansteigenden Grundwasser an. Da zwischen der Höhe des Wasserstandes in den Gräben und dem flächenhaften Grundwasser unmittelbare Kommunikation besteht, bedeutet somit jede Erhöhung des Wasserspiegels der Donau bei Ardagger eine ebensolche Erhöhung des Grundwasserstandes durch Rückstau, der sich in dem äußerst schwach geneigten Gelände weit auswirkt.

Da jede Gesellschaft einen Spielraum von rund $^1/_2$ m hat, würde eine Hebung des Donauspiegels bei Ardagger etwa um diesen Betrag zumindest im Ostteil der Niederung die gesamte Vegetation um eine Stufe drücken. Nun zeigt aber bereits heute der Ostteil der Niederung, besonders das Nordufer (Entenlacke) eher zu große Feuchtigkeit an, während die ausbrenngefährdeten Trespenwiesen in der Westhälfte des Grenerhaufens außerhalb jeden Einflusses der Grundwassererhöhung liegen. Der gesamte Raum um die Entenlacke würde dauernd unter Wasser gesetzt und die Vegetation — vor allem die Weidenbestände — vernichtet werden. Desgleichen würde der breite Auwaldgürtel am Grenerarm mit seinen ausgezeichneten Rohrglanzgrasbeständen verschwinden und auf den Flächen um Ardagger wäre der Obstbau in seiner gegenwärtigen Form in Frage gestellt.

Der wiederholt geäußerte Plan einer Auflandung der tiefer gelegenen Teile muß vom biologischen Standpunkt strikt abgelehnt werden: Zunächst lebt die gesamte Landschaft von den regelmäßigen Überschwemmungen, wenn auch stärkere und vor allem länger dauernde sich im Augenblick schädlich auswirken; eine Auflandung der Gräben würde also gewissermaßen einen Lebensnerv der Landschaft treffen und überdies die so wichtigen Ausgleichsreservoire der Hochwässer entfernen. In erster Linie aber bestehen gegen die Auflandung Bedenken, da es noch ein weiter Weg ist von einem toten Gemisch von Flußschotter und Feinerde zu einem richtigen wirksamen Bodenkomplex[26].

Die größte Gefahr für die Landschaft jedoch, die gegenwärtig noch gar nicht abzuschätzen ist, liegt in der Umstellung vom fließenden Grundwasserstrom zu stagnierender Nässe. Gegenwärtig besteht

[26] Die gleichen Bedenken wurden übrigens auch von Prof. Dr. Donat im Zuge der Ausarbeitung des Meliorationsprojektes geäußert.

nirgends — auch bei längerer Überschwemmung — Versumpfungsgefahr. Durch fortgesetzte Überstauung würden sich diese Bedingungen grundsätzlich ändern und auf dem staunassen Boden wäre eine starke Zunahme der Sauergräser verbunden mit erheblicher Wertverminderung die Folge.

Da die Pflanzendecke solche Änderungen der Standortsbedingungen verhältnismäßig rasch wiedergibt, wäre zur Vermeidung oder zumindest rechtzeitigen Erkennung beginnender Schädigungen die Donauniederung in gewissen Zeitabständen — etwa alle 5 Jahre — neu zu kartieren. Dadurch könnten im Notfall durch rechtzeitige Abwehrmaßnahmen größere Schäden vermieden werden[27]. Ebenso wird die Karte auch späterhin im Falle von Schadenersatzansprüchen stets als wertvolle Unterlage dienen können, da sie einwandfrei erlaubt, Wertverminderungen durch Änderung der Umweltbedingungen zu erkennen. Da die Karte schließlich auch die engen wechselseitigen Beziehungen innerhalb der gesamten Landschaft erkennen läßt, legt sie für diesen und für weitere Fälle die unbedingte Forderung nahe: Jedes so tiefgreifend in eine Landschaft eingreifende Projekt muß der lebenden Landschaft angepaßt werden, nicht aber kann man ungestraft den umgekehrten Weg gehen und versuchen, die Landschaft hinterher entsprechend einem am grünen Tisch entworfenen Projekt umzugestalten.

Zusammenfassung

Die oberhalb des Donaudurchbruches durch den Strudengau gelegene Niederung des Machlandes wird gerade noch durch den Rückstau des bei Ybbs-Persenbeug geplanten Donau-Kraftwerkes getroffen werden. Ihre Vegetation wurde im Jahre 1947 als Grundlage der Beweissicherung für spätere Schadenersatzansprüche und neben einer bodenkundlichen Aufnahme als Unterlage für kulturtechnische Abwehrmaßnahmen kartographisch aufgenommen, wobei besonderes Gewicht auf die lokalen Beziehungen der einzelnen Pflanzengesellschaften gelegt wurde.

Das Untersuchungsgebiet ist in drei Landschaftseinheiten gegliedert:

1. Die Niederterrasse (Ackerterrasse) am Nordufer mit weitgehend ungegliederter Oberfläche und Differenzierung in einen südlichen kalkreichen und einen nördlichen kalkarmen Teil.

2. Die eigentliche Auniederung auf beiden Ufern mit reich durch Gräben und Haufen gegliedertem Relief und im wesentlichen leichten, kalkreichen Böden[28].

3. Eine kleine, flächenmäßig und wirtschaftlich unbedeutende Zone von Druckwasseraufbrüchen am Hangfuß des Tertiärhügellandes im Süden.

Der vorherrschende Standortsfaktor ist das Grundwasser, bzw. überhaupt die Wirkung der Donau-Hochwässer, die sich durch Rückstau in der Niederung ausbreiten. Dementsprechend verlaufen die Vegetationsgrenzen fast durchwegs mehr oder minder horizontal: Die tiefsten Gräben werden im Niveau der Normalwasserlinie[29] von Großseggenstreu *(Caricetum vesicariae-gracilis)* eingenommen, auf welche bei geringerer Tiefe — ebenfalls auf schlammigem Boden — die Kriech-Hahnenfußgesellschaft *(Ranunculus repens-Alopecurus geniculatus*-Ass.) mit zahlreichen niederliegenden Arten („Mähverlust") folgt. Die Absätze und Böschungen dieser Gräben, die infolge mangelnder Überschlickung weniger gedüngt sind, werden von einer sehr charakteristischen Lokalassoziation, der Filzseggenwiese (*Carex tomentosa-Ophioglossum vulgatum*-Ass.) bedeckt. In seichteren Mulden wird diese durch eine Übergangsgesellschaft zu der frischen Fettwiese, der Knaulgraswiese, ersetzt, welch letztere auf den Flächen unter 229 m ü. M. vorherrscht. Oberhalb dieser Linie ist die krautreiche Salbeiwiese und schießlich auf den höchsten Erhebungen auf rohem Sandboden der magere Trockenrasen der Trespenwiese ausgebildet. Die spärlichen Wiesen der Ackerterrasse sind vollkommen parallel gegliedert, weisen jedoch in ihrer Gesamtheit zahlreiche Differentialarten (Kalkflieher und Zeiger für schweren Boden) gegenüber den Gesellschaften der Auniederung mit ihren leichten kalkreichen Böden auf. Die Artenlisten all dieser Gesellschaften sind in Tab. 1 zusammengestellt (Deckungswert). Die Gesellschaften der Leitzinger Druckwasserzone sind nur schwach ausgeprägt. Die Wälder zeigen ebenso wie die Wiesen eine Gliederung mit abnehmender Feuchtigkeit: Weiden-Pioniergebüsch unmittelbar am Ufer, Pappel-Weidenau, Erlen-Eschenau und schließlich auf den trockeneren Böden der Ackerterrasse Eichen-Hainbuchenwald. In der Unkrautvegetation der Halmfruchtäcker treten die feinen Feuchtigkeitsunterschiede nicht in gleichem Maße hervor, wohl aber zeigt sich deutlich der Unterschied zwischen den kalkreichen und kalkarmen Böden. Die systematische Stellung der einzelnen Gesellschaften wird jeweils diskutiert, wobei sich wiederholt Gelegenheit zur Erörterung grundsätzlicher Fragen der Vegetationssystematik ergibt (vgl. besonders S. 9, c; S. 10, e; S. 11, g; S. 12, i).

Die Wiesengesellschaften stehen als Glieder einer ökologischen Reihe in engster Beziehung zueinander, wie sich sowohl aus einer Betrachtung der Artenlisten (Tab. 1, Abb. 1), als auch aus deren Aufgliederung auf ökologische Artengruppen (Abb. 2) und auf Lebensformen (Abb. 3) ergibt. Zugleich zeigt sich dabei, daß eine Betrachtung der einzelnen Gesellschaften als gleichwertige Glieder unabhängig von ihrer systematischen Stellung den örtlichen Gegebenheiten gerechter wird als die Berücksichtigung ihres regional-systematischen Wertes[30], wie über-

[27] Auf Grund des Vegetationsbefundes, der eine enge Abhängigkeit der Vegetation vom Relief wiedergibt und daher im allgemeinen eine rasche Beweglichkeit des Wassers im Boden andeutet, erscheint der Erfolg einer Polderanlage nicht völlig gesichert.

[28] Sie steht im Mittelpunkt des Interesses, da in ihr die Hauptbeeinflussung erfolgen wird.

[29] Flache, schlammige Uferpartien, die nur bei Niedrigwasser nicht überflutet sind, tragen die Schlammvegetation des *Nanocyperion*.

[30] Die ökologische Differenz zwischen der Großseggenstreu und der Kriech-Hahnenfußgesellschaft mit Großseggen, die zwei verschiedenen Klassen angehören, ist

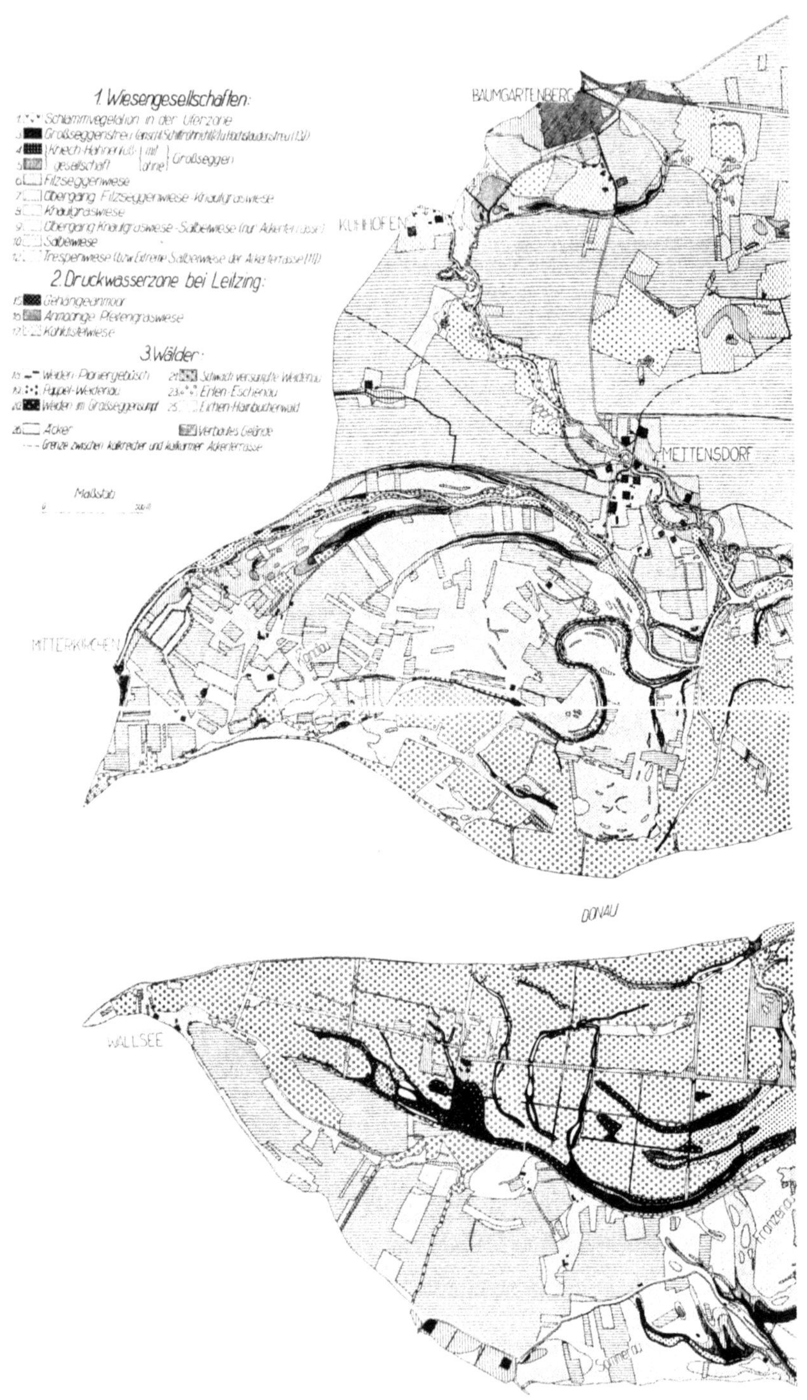

Abb. 7. Vegetations
Verkleinerung der Originalkarte 1:5000 (etwa auf $^1/_5$).

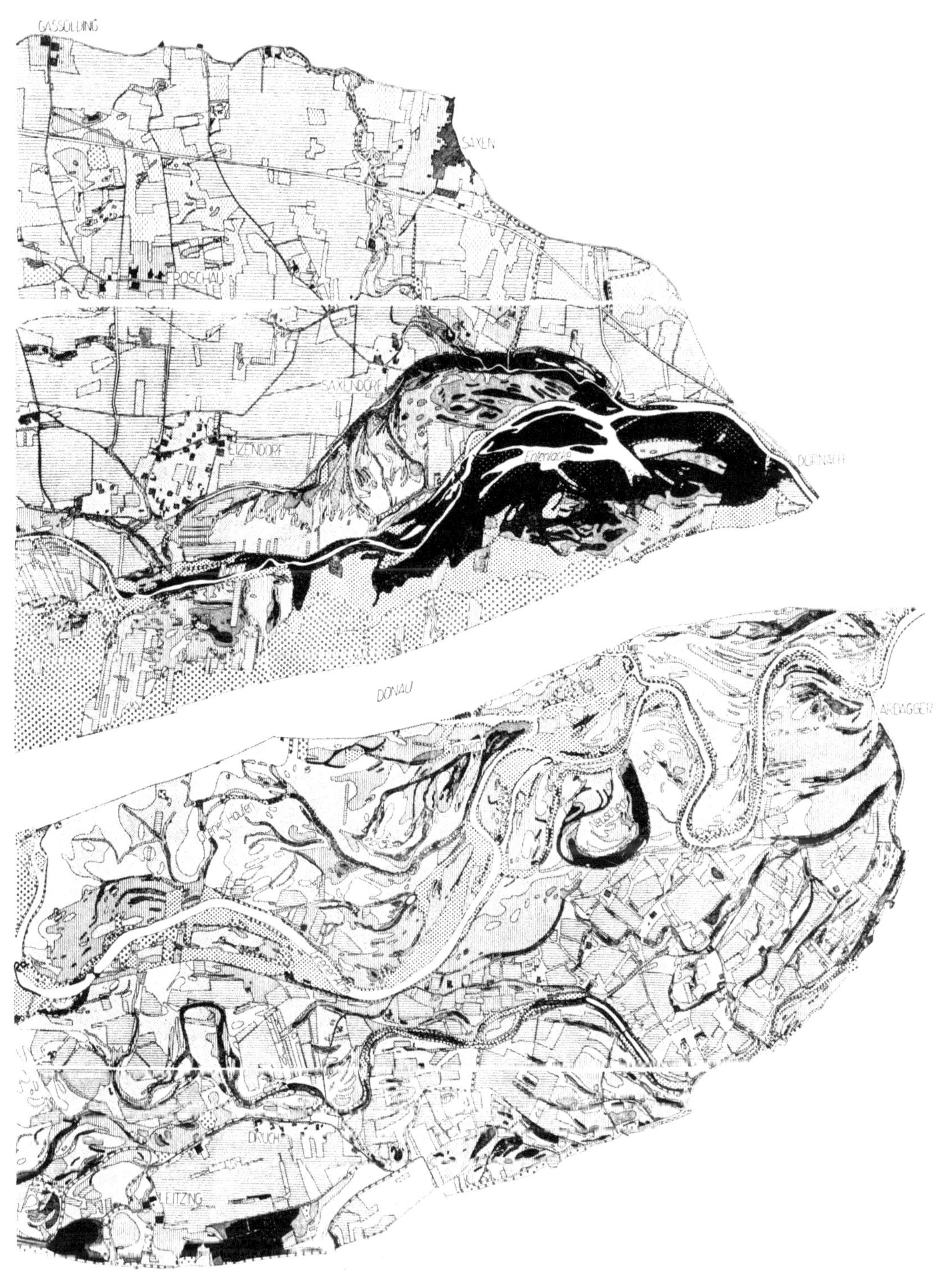

karte des Machlandes.
Signaturen in der Legende doppelt vergrößert.

haupt aus dieser großmaßstäbigen Kartierung mannigfache Anregungen für die Vegetationssystematik resultieren. Die enge Abhängigkeit der Vegetation von der Höhe über dem Grundwasser, bzw. in übertragenem Sinn von der absoluten Höhe geht deutlich aus der Aufteilung der Gesellschaften auf verschiedene Höhenstufen (Abb. 4, Tab. 4, 5) hervor. Entsprechend dem im wesentlichen horizontalen Verlauf der Vegetationsgrenzen zeigt auch die Pflanzendecke im großen eine gewisse Zonierung mit zunehmender Trockenheit von Osten nach Westen[31]. Trotz der engen ökologischen und topographischen Beziehungen können die Gesellschaften der Auniederung nicht auch als Glieder einer genetischen Reihe betrachtet werden, vielmehr zeigt sich das Zusammentreffen zweier Entwicklungsreihen (vom nassen Schlamm und vom trockenen rohen Sandboden) bei Knaulgras- und Salbeiwiese mit mittleren ausgeglichenen Bedingungen auf gereiften Böden.

Die auf diesen wissenschaftlichen Erkenntnissen fußende praktische Auswertung liegt zunächst in der Ausnützung des Zeigerwertes der einzelnen Gesellschaften. Jede in der Karte dargestellte Vegetationseinheit entspricht einem Standortstypus. Insbesondere ergibt sich klar die Stellung jedes Punktes im Gesamt-Wasserhaushalt. Für spätere Änderungen der Standortsbedingungen durch den geplanten Rückstau ergibt die Festhaltung des gegenwärtigen Zustandes den klarsten Gradmesser. Zugleich wird die Karte bei allfälligen Schadenersatzansprüchen als wichtigste Grundlage der Beweissicherung dienen können, da sich Änderungen des Ertrages durch kulturbedingte Maßnahmen deutlich von solchen unterscheiden lassen, die auf eine Standortsänderung zurückzuführen sind. Zu diesem Zweck wird eine Wiederholung oder zumindest Überprüfung der Kartierung in gewissen Zeitabständen nötig sein.

Der Ertragswert jeder Pflanzengesellschaft ergibt sich aus Masse und Anteil wertvoller Futterpflanzen. Mit Hilfe des Deckungswertes ist diese Aufgliederung in Abb. 5 und 6 graphisch dargestellt, weitere bereits eingeleitete Untersuchungen werden erweisen, wie weit sich die Ergebnisse nach dieser Methode in der praktischen Grünlandforschung anwenden lassen. Die perzentuelle Aufteilung der verschiedenen hochwertigen Futtergräser und Leguminosen auf die einzelnen Gesellschaften (Tab. 6) kann gleich für die Zusammenstellung standortsgemäßer Grassamenmischungen verwendet werden. Im einzelnen ergeben sich auf Grund der Beobachtungen zahlreiche Hinweise für Verbesserungsmöglichkeiten des Ertrages.

Im gegenwärtigen Zustand sind die nassen Flächen — insbesondere um die Entenlacke — mit rationellen kulturtechnischen Mitteln nicht zu verbessern. Einzig eine Erhöhung der Dämme als Schutz gegen von oben eindringendes Hochwasser sowie eine Entwässerung des Druckwassergebietes von Leitzing erscheint auf Grund der Vegetationsuntersuchungen erfolgversprechend. Die enge Abhängigkeit der Vegetation von der Höhe läßt die Veränderungen des Bildes durch den geplanten Rückstau ahnen, wozu allerdings noch nicht völlig abzuschätzende Schädigungen durch Umstellung vom fließenden auf das gestaute Grundwasser kommen werden. Die Abwehr solcher Schäden hat auf die biologische Eigenheit der gesamten Landschaft Rücksicht zu nehmen, wie überhaupt das Prinzip zu beachten ist, daß Projekte der Landschaft anzupassen sind und nicht umgekehrt die Landschaft nach dem Projekt umzugestalten ist (Auflandung). Die Erfolge einer Polderanlage erscheinen nach dem Vegetationsbefund nicht völlig gesichert.

nicht größer als jene zwischen Salbei- und Trespenwiese, zwei Subvarianten einer Assoziation.

[31] Darin liegt eine große Gefahr des Rückstaues, da er sich vor allem im schon heute nassesten Ostteil auswirken wird.

Literaturverzeichnis.

Die vorliegende Arbeit ist fast ausschließlich auf unmittelbarer Beobachtung im Gelände aufgebaut. Es sollen daher aus der reichen Fülle der einschlägigen Literatur nur jene Arbeiten angeführt werden, welche unmittelbar herangezogen wurden und auf welche im Text hingewiesen wurde.

Baumann, E.: Die Vegetation des Untersees (Bodensee). Stuttgart: 1911.

Blümel, F.: Bodenkarte (Lokalformenkarte) der Donauniederung des Machlandes. Mit Beiheft. Manuskript beim BM. f. L. u. F. Wien: 1948.

Braun-Blanquet, J.: Pflanzensoziologie. Berlin: 1928.

— Über den Deckungswert der Arten in den Pflanzengesellschaften der Ordnung *Vaccinio-Piceetalia*. Jb. d. Naturf. Ges. Graubündens, LXXX. Bd. — S. I. G. M. A. Comm. No. 90. Coire: 1946.

Buchwald und Zeidler: Ergebnisse der pflanzensoziologischen Kartierung des Donautales zwischen Ardagger und Wallsee und Dornach-Baumgartenberg, Oberdonau. Manuskript bei Donaukraftwerken: 1942.

Horvatić, St.: Soziologische Einheiten der Niederungswiesen in Kroatien und Slavonien. Acta Bot. Inst. bot. Univ. Zagreb. Vol. V. 1930.

Klapp, E.: Taschenbuch der Gräser. Berlin: 1940.

Koch, W.: Die Vegetationseinheiten der Linthebene. Jb. St. Gall. Naturwiss. Ges. Bd. 61. St. Gallen: 1926.

Kubiëna, W.: Entwicklungslehre des Bodens. Wien: 1949.

Rametsteiner, M.: Morphologie des westlichen Greiner Waldes. Unveröff. Diss. Univ. Wien; 1947.

Tüxen, R.: Die Pflanzengesellschaften Nordwestdeutschlands. Mitt d. flor.-soziol. Arb. Gem. Niedersachsens 3. Hannover: 1937.

Tüxen, R. und Ellenberg, H.: Der systematische und ökologische Gruppenwert. Ebenda.

Wagner, H.: Die Bedeutung der Vegetationskartierung für Forschung und Praxis. Jb. d. Hochschule f. Bodenkultur II. Wien: 1949.

— Das *Molinietum coeruleae* (Pfeifengraswiese) im Wiener Becken. Vegetatio, Acta Geobotanica. Vol. II. Den Haag: 1950.

Wagner, H. und Lauber, H.: Vegetationskarte der Gemeinde Ardning im Ennstal (Steiermark). Manuskript 1948.

Manzsche Buchdruckerei, Wien IX

GPSR Compliance
The European Union's (EU) General Product Safety Regulation (GPSR) is a set of rules that requires consumer products to be safe and our obligations to ensure this.

If you have any concerns about our products, you can contact us on

ProductSafety@springernature.com

In case Publisher is established outside the EU, the EU authorized representative is:

Springer Nature Customer Service Center GmbH
Europaplatz 3
69115 Heidelberg, Germany

www.ingramcontent.com/pod-product-compliance
Ingram Content Group UK Ltd.
Pitfield, Milton Keynes, MK11 3LW, UK
UKHW021815190726
13853UKWH00003B/1009

* 9 7 8 3 6 6 2 2 3 9 2 4 7 *